넓고 얕은 대단한 과학기술지식

우리 주변의
대단한 기술
대백과

와쿠이 요시유키·와쿠이 사다미 지음 | 이영란 옮김

Drone

Tower crane

Airplane

Bitcoin

5G

5G Networks

BM 성안당

넓고 얕은 대단한 과학기술지식

우리 주변의 대단한 기술 대백과

ZATSUGAKU KAGAKU DOKUHON MI NO MAWARI NO SUGOI GIJUTSU DAIHYAKKA

© Yoshiyuki Wakui, Sadami Wakui 2018

First published in Japan in 2017 by KADOKAWA CORPORATION, Tokyo.

Korean translation rights arranged with KADOKAWA CORPORATION, Tokyo through Danny Hong Agency.

Korean translation copyright © 2019 by Sung An Dang, Inc.

한국어판 판권 소유: BM (주)도서출판 성안당

© 2019 BM (주)도서출판 성안당 Printed in Korea

머리말

　과학 문명이 발달한 현대를 살아가는 우리는 수많은 제품과 건축물에 둘러싸여 생활합니다. 그 대부분은 100년 전 생활에서는 생각지도 못했던 '사물'들입니다. 평소 주변에서 흔히 볼 수 있어 특별히 신기하다고 생각해 본 적이 없겠지만 그 원리나 제조 방법을 알게 되면 아마 놀랄 것입니다.

　고층 빌딩이 즐비한 지금은 건설 중인 빌딩 옥상에서 크레인이 움직이고 있어도 아무도 의문을 갖지 않을 것입니다. 문득 '자재를 들어 옮기는 크레인을 옥상까지 올리는 일은 누가 할까?'라는 생각을 해 본 적이 없습니까? 또한 프라모델 등을 만들 때 사용하는 '순간접착제는 어떻게 순식간에 붙는 걸까?'라고 생각하기 시작하면 프라모델을 만드는 것보다 이 의문에 더 관심이 갈지도 모릅니다.

　그도 그럴 것이 우리 주변 대부분의 사물은 20세기 과학 기술의 결정체이기 때문입니다. 특히 전자기기나 신소재 등으로 분류되는 최근의 사물은 과거 100년 동안 이룩한 연구를 집대성한 것이기 때문에 난해한 것은 당연합니다.

　이 책은 다양한 사물에 대한 의문을 그림으로 알기 쉽게 설명하고 있는 수수께끼 풀이책입니다. 비트코인이나 5G, 드론, VR/AR과 같은 새로운 기술에 대해서도 다루었습니다.

그림만 보고도 구조나 원리를 한눈에 알 수 있도록 했으므로 '왜?', '어떻게?'라는 의문을 말끔히 해소할 수 있을 것입니다.

21세기의 에너지나 환경, 정보 문제를 생각하는 데 있어 인간이 만들어 낸 사물의 "대단한" 원리를 이해하는 것은 필수불가결합니다. 단순한 지적 관심으로 읽어도 사물에 대한 이해는 대단히 흥미로울 것입니다. 이 책이 여러분의 궁금증을 풀어주는 데 조금이나마 도움이 되기를 바랍니다.

와쿠이 요시유키(Wakui Yoshiyuki)
와쿠이 사다미(Wakui Sadami)

차례

제1장 · 밖에서 볼 수 있는 대단한 기술

제2장 · 가전제품의 대단한 기술

제3장 생활용품의 대단한 기술

제4장 교통수단의 대단한 기술

제5장 | 하이테크의 대단한 기술

제6장　편리용품의 대단한 기술

제7장　문방구의 대단한 기술

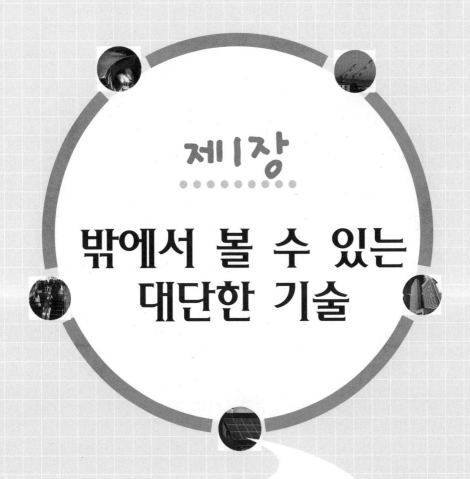

제1장

밖에서 볼 수 있는 대단한 기술

길을 걷다 보면 우리가 인식하지는 못하는 곳에 의외의 대단한 기술이 사용되고 있습니다. 타워크레인이나 에스컬레이터 등 밖에서 볼 수 있는 기술들을 살펴봅시다.

타워크레인

고층 빌딩 건설 현장에서 가장 높은 곳에 올라가 있는 타워크레인은 누가, 어떻게 들어 올린 것일까요?

고층 빌딩 건설 공사 현장에서 가장 높은 곳에서 활약하고 있는 것이 있습니다. 바로 타워크레인입니다. 건설 현장에서 가장 눈에 띄는 곳에 있기 때문에 보는 사람의 눈길을 끕니다.

타워크레인은 고층 빌딩 건설에서 절대로 **빼놓을** 수 없는 장비입니다. 저층 건물을 지을 때는 크레인차를 이용하여 자재를 꼭대기 층까지 나를 수 있지만, 고층 건물에서는 자재를 꼭대기 층으로 들어 옮기려면 타워크레인의 힘이 필요합니다.

그런데 타워크레인을 보고 있으면 신기한 것이 건물의 높이에 맞춰 타워크레인 자체도 점점 높은 위치로 이동한다는 점입니다.

타워크레인을 사용한 공사는 ① **조립** → ② **클라이밍** → ③ **해체** 순으로 진행됩니다.

①의 '조립'은 발판을 고정시키는 작업입니다. 그 다음 ②에서는 건물이 올라감에 따라 크레인을 마치 애벌레처럼 기어 올라가게 합니다. ③의 '해체'에서는 주 크레인, 보조 크레인 1, 보조 크레인 2 방식으로 옥상에서부터 순서대로 해체합니다.

||| 타워크레인의 클라이밍 |||

지상에서 조립한 크레인은 애벌레가 기어 올라가는 것과 비슷한 '클라이밍' 기법으로 위로 올라갑니다. 실제로는 **2**~**4**의 과정을 반복하면서 올라갑니다.

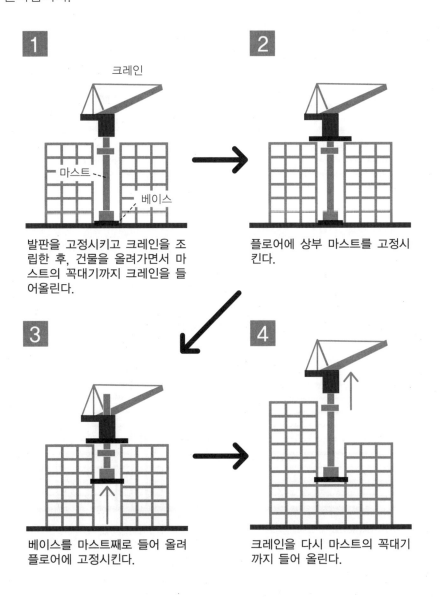

1

크레인

마스트

베이스

발판을 고정시키고 크레인을 조립한 후, 건물을 올려가면서 마스트의 꼭대기까지 크레인을 들어올린다.

2

플로어에 상부 마스트를 고정시킨다.

3

베이스를 마스트째로 들어 올려 플로어에 고정시킨다.

4

크레인을 다시 마스트의 꼭대기까지 들어 올린다.

13

||| 타워크레인의 해체 |||

주 크레인은 보조 크레인 1로, 보조 크레인 1은 보조 크레인 2로 해체합니다. 즉, 아래의 **1**～**3**을 반복한 후 종료됩니다(**4**).

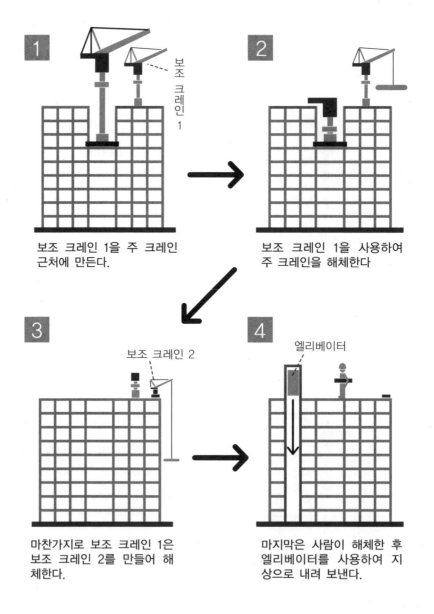

1 보조 크레인 1을 주 크레인 근처에 만든다.

보조 크레인 1

2 보조 크레인 1을 사용하여 주 크레인을 해체한다

3 마찬가지로 보조 크레인 1은 보조 크레인 2를 만들어 해체한다.

보조 크레인 2

4 마지막은 사람이 해체한 후 엘리베이터를 사용하여 지상으로 내려 보낸다.

엘리베이터

　다시 말하자면 한 치수 작은 보조 크레인 1을 원래의 주 크레인 옆에 설치하고, 보조 크레인 1을 사용하여 주 크레인을 해체합니다. 그 다음 보조 크레인 1은 그보다 더 작은 보조 크레인 2를 옆에 설치하여 해체하는 것입니다. 이 작업을 반복하여 타워크레인이 지상으로 내려오게 됩니다. 마지막으로 남은 해체용 크레인은 사람의 손으로 해체하여 엘리베이터를 통해 아래층으로 내려 보냅니다.

　타워크레인이 애벌레처럼 클라이밍하는 방식에는 크레인 본체가 마스트를 올라가는 **마스트 클라이밍**과 공사가 진척됨에 따라 공사 중의 철골을 이용하여 토대 부분을 위층으로 올리는 **플로어 클라이밍**이 있습니다. 마스트 클라이밍은 초고층 아파트 건설에 사용하고, 플로어 클라이밍은 초고층 빌딩 건설에 주로 사용합니다. 참고로 13쪽의 그림은 플로어 클라이밍을 설명하고 있습니다.

　또한 송전탑을 건설할 때도 크레인의 클라이밍을 사용합니다. 산 위에 높은 송전탑이 어떻게 서 있을까 하는 의문도 해결되었겠지요?

에스컬레이터

빌딩 안을 편리하게 이동하는 수단인 에스컬레이터는 어떤 구조로 되어 있을까요?

　에스컬레이터라는 이름은 1985년에 Seeberger가 라틴어 scala(계단)와 영어 elevator(엘리베이터)를 조합하여 만든 말입니다. 에스컬레이터는 이름 그대로 계단 형태의 승강 장치를 뜻합니다. 에스컬레이터의 장점은 운송 능력이 뛰어나 엘리베이터에 비해 훨씬 효율적이라는 점입니다.

　에스컬레이터는 디딤판(스텝)을 루프 모양의 체인에 연결시켜 모터로 구동시키는데, 스텝과 함께 손잡이도 같은 속도로 움직입니다.

　흔히 볼 수 있는 에스컬레이터는 경사각이 30도인 직선 타입이지만, 이보다 경사각을 크게 만든 것이나 중간에 평평한 층계참이 있는 것 등 독특한 에스컬레이터도 있습니다.

　또한 경사각을 없앤 '무빙워크'도 에스컬레이터와 원리가 똑같습니다.

　에스컬레이터의 속도는 보통 분속으로 30미터(시속 1.8킬로)입니다. 속도가 빠르지 않다고 에스컬레이터에서 걷거나 뛰는 행동은 위험합니다. 물론 좀 더 빨리 움직이게 할 수도 있지만, 그러면 타고 내릴 때 위험합니다.

||| 에스컬레이터의 구조 |||

스텝을 루프 모양의 체인에 연결시켜 모터로 빙글빙글 돌립니다. 손잡이도 같은 속도로 돌립니다.

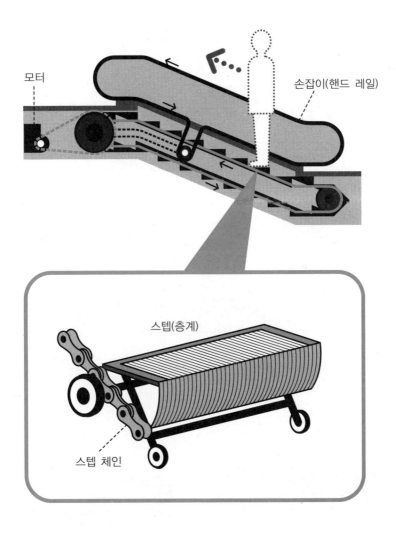

모터

손잡이(핸드 레일)

스텝(층계)

스텝 체인

스텝을 연결하는 금속 장치가 마치 종이가 구겨졌다 펴지는 것처럼 접히면서 출입구 부근에서 스텝의 속도를 줄여 줍니다.

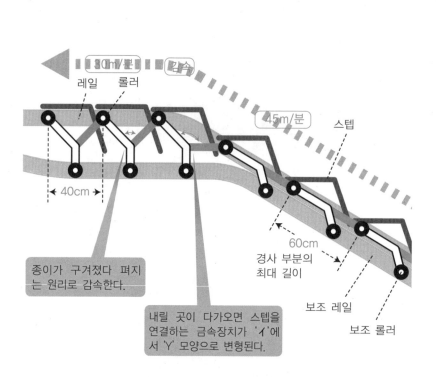

30m/분   감속

레일   롤러

45m/분   스텝

40cm

60cm
경사 부분의
최대 길이

종이가 구겨졌다 펴지
는 원리로 감속한다.

보조 레일

내릴 곳이 다가오면 스텝을
연결하는 금속장치가 'ㅓ'에
서 'Y' 모양으로 변형된다.

보조 롤러

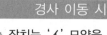

수평 이동 시

금속 장치는 'Y' 모양을 하고 있다.
속도는 30m/분.

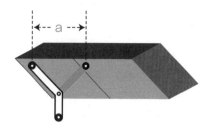

a

경사 이동 시

금속 장치는 'ㅓ' 모양을 하고 있다.
속도는 45m/분.

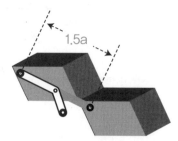

1.5a

　두 문제를 해결한 에스컬레이터가 나왔는데, 바로 미쓰비시전기 (Mitsubishi Electric)가 실용화에 앞장선 **변속 에스컬레이터** 또는 **경사부 고속 에스컬레이터**입니다.

　이 에스컬레이터의 비밀은 스텝의 구조에 있습니다. 일반 에스컬레이터의 경우는 두 개의 스텝이 체인에 일직선으로 연결되어 있지만, 변속 에스컬레이터는 연결 부위를 구부러지도록 만들었습니다. 그래서 수평 이동 시에는 'Y'자 모양으로, 경사 이동 시에는 'イ' 모양으로 변형됩니다. 이는 종이가 구겨졌다 펴지는 원리와 비슷한데, 입구와 출구 부근에서는 속도가 떨어져서 안전하게 타고 내릴 수 있습니다. 덕분에 경사부의 이동 속도를 타고 내릴 때의 1.5배까지 올릴 수 있게 되었다고 합니다.

　참고로 일본에서 가장 긴 에스컬레이터는 가가와현(香川縣)에 위치한 뉴레오마월드 유원지에 설치된 것으로(2017년 12월 현재) 96미터라고 합니다.

＊ 우리나라에서 가장 긴 에스컬레이터는 대구 도시철도 신담역에 있는 것(2018년 11월 현재)으로, 총 길이가 57미터에 달합니다.

엘리베이터

고층 빌딩에 없어서는 안 되는 엘리베이터. 그 안을 살펴보면 다양한 기술이 들어 있습니다.

11월 10일은 일본 엘리베이터의 날입니다. 1890년 이 날, 도쿄(東京) 아사쿠사(淺草)에서 일본에서 처음으로 전동식 엘리베이터를 갖춘 료운카쿠*가 오픈한 것을 기념한 날입니다.

한편 기원전 로마에서는 엘리베이터를 사용했다는 기록이 남아 있습니다. 물론 전동식은 아니지만 엘리베이터의 역사는 의외로 오래되었다고 할 수 있습니다.

오늘날 대부분의 전동식 엘리베이터는 **도르래 방식**을 채택하고 있습니다. 이는 사람이 타는 '카(car)'와 균형을 잡기 위한 '균형 추'가 로프에 의해 '도르래 방식'으로 연결되어 있는 방식입니다.

---

* 료운카쿠(凌雲閣) : 일본 도쿄 아사쿠사 공원에 있었던 전망대.

⫴ 엘리베이터의 기본 방식   ⫴

엘리베이터는 높이와 용도, 공간 등에 따라 몇 가지 방식으로 나뉩니다.

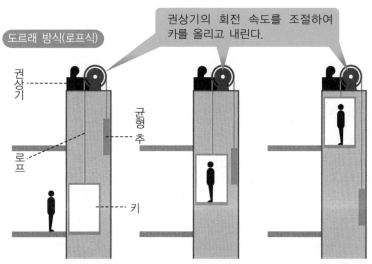

도르래 방식(로프식)

권상기의 회전 속도를 조절하여 카를 올리고 내린다.

권상기

균형추

로프

카

대부분의 엘리베이터는 이 방식이다. 추로 균형을 잡기 때문에 모터가 작아 전기요금이 절약된다.

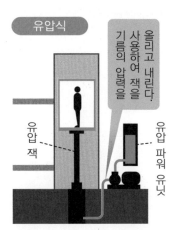

유압식

올리고 내린다. 기름의 압력을 사용하여 잭을

유압 잭

유압 파워 유닛

저층 건물의 화물 운반에 주로 사용한다.

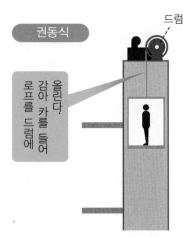

권동식

드럼

올린다. 감아 카를 들어 로프를 드럼에

구조가 단순하므로 소규모 저층 건물에 사용한다

이 방식의 특징은 카와 균형 추로 균형을 잡기 때문에 모터에 걸리는 부하가 반감되어 모터의 용량을 작게 할 수 있다는 점입니다.

그 외의 엘리베이터 구동 방식으로는 '권동식'과 '유압식' 등이 있는데, 높이나 공간 등에 따라 구분해서 사용합니다. 엘리베이터가 오르고 내리는 원리는 케이블카를 수직으로 움직이는 것과 비슷합니다. 레일에 부착되어 있는 롤러(즉, 차바퀴)가 카를 유도하면서 수직으로 서 있는 레일을 따라 로프를 끌어당겨 이동하는 것입니다.

요즘의 엘리베이터는 이동 시 조용하며 흔들림이 거의 없습니다. 시속 70킬로를 넘는 속도로 오르내려도 바닥에 세워 둔 동전이 넘어지지 않는다고 합니다. 이는 컴퓨터 제어 덕분에 가능해졌는데, 바로 엘리베이터 카에 달려 있는 가속도 센서가 흔들림을 감지하면 롤러와 레일의 힘 관계를 컴퓨터가 조절하여, 카가 흔들리지 않도록 항상 제어하기 때문입니다.

컴퓨터 제어는 기다리는 시간을 줄이는 데도 한몫하고 있습니다. 엘리베이터가 여러 대 가동하는데도 오랜 시간 기다려 본 경험이 많을 텐데

||| 엘리베이터가 흔들리지 않는 비밀 |||

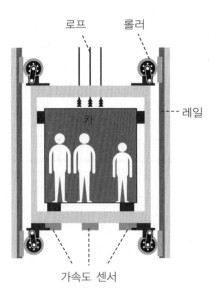

로프   롤러

카

레일

가속도 센서

가속도 센서가 흔들림을 감지하면 컴퓨터가 롤러와 레일을 누르는 힘을 제어합니다.

요, 최신 빌딩은 그런 일이 없습니다. 사람이 짜증내지 않고 기다릴 수 있는 시간은 1분이라고 하는데 컴퓨터 제어 덕분에 그것이 실현되고 있는 것입니다.

또한 엘리베이터는 빌딩의 구조에도 변화를 가져왔는데요, **스카이 로비**가 그 예입니다.

||| 스카이 로비의 구조 |||

100층짜리 빌딩에는 70대 이상의 엘리베이터가 필요하다고 합니다. 여러 대의 엘리베이터를 효율적으로 관리하기 위해 각 층마다 서는 엘리베이터와 직행으로 가는 엘리베이터로 나눠, 중간층에서 갈아타는 방식을 취하고 있습니다. 이와 같이 갈아타는 층을 '스카이 로비'라고 하는데, 철도의 급행 운행과 비슷합니다.

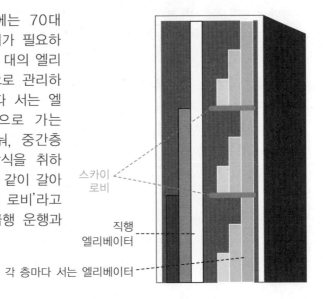

스카이
로비

직행
엘리베이터

각 층마다 서는 엘리베이터

내진 · 제진 · 면진 구조

전 세계적으로 지진 발생 빈도가 잦아지고 있어 건물의 내진 성능이 한층 더 중요해지고 있습니다. 최근에는 제진이나 면진과 같은 고도의 기술을 도입한 건물도 등장하고 있습니다.

전 세계의 도심에는 초고층 빌딩이 즐비합니다. 특히 지진 다발국인 일본의 경우 괜찮을까 걱정도 되지만, 초고층 빌딩들에는 대비가 잘 되어 있다고 합니다. 바로 **내진**, **제진**, **면진**이라고 하는 기술입니다. 1963년 이전에 일본에서는 높이가 31미터를 넘는 고층 빌딩의 건설은 법적으로 허가되지 않았습니다. 하지만 기술의 발전 덕분에 법이 개정되어 100미터를 넘는 빌딩의 건설도 가능해졌습니다. 그 첫 번째 건물이 '가스미가세키 빌딩*'으로, 이 빌딩이 일본 고층 빌딩의 시발점이 되었습니다.

가스미가세키 빌딩을 짓기 이전까지는 건물을 **내진 구조**로 하여 지진에 대응했습니다. 이는 철근 콘크리트로 기둥과 벽을 강화하여 지진의 흔들림에 대항하는 강구조(剛構造)입니다. 하지만 강구조를 100미터가 넘는 고층 빌딩에 적용하면 철과 콘크리트의 양 때문에 지진에 견딜 수 없게 됩니다. 그래서 채택한 것이 **제진 구조**입니다. 지진의 흔들림에 맞춰 건물을 적당히 흔들리게 해서 에너지를 분산 및 흡수하는 '유구조(柔構造)' 건축 방법입니다.

---

* 가스미가세키(霞が關) 빌딩 : 도쿄도에 있는 지상 36층, 지하 3층, 높이 147미터의 마천루

||| '흔들림'을 흡수하는 3가지 구조 |||

'내진', '제진', '면진'은 말은 비슷하지만 그 구조는 크게 다릅니다.

A 내진 구조　비용 적음

건물 본체가 흔들림을 흡수한다.

B 제진 구조　비용 중간

제진 댐퍼라고 하는 기둥이 먼저 흔들림을 흡수한다.

C 면진 구조　비용 높음

면진 장치를 지면에 설치하여 흔들림을 흡수한다.

A

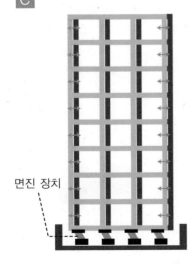

C

면진 장치

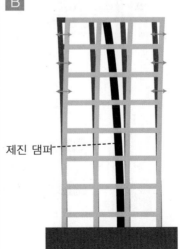

B

제진 댐퍼

오층탑의 기술은 '심주 제진*'이라고 하여 현대에도 활용되고 있습니다. 대표적인 것이 2012년에 준공된 도쿄 스카이트리입니다.

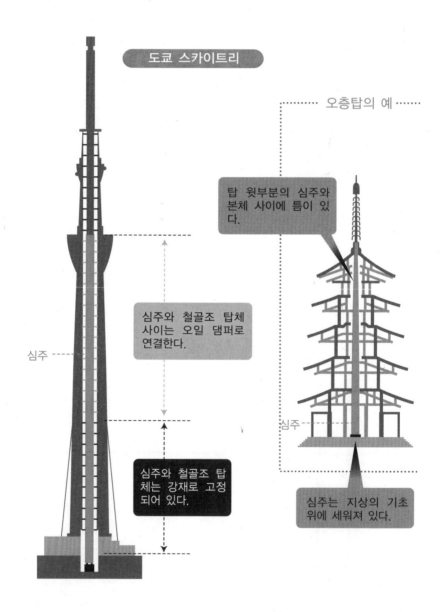

도쿄 스카이트리

오층탑의 예

탑 윗부분의 심주와 본체 사이에 틈이 있다.

심주와 철골조 탑체 사이는 오일 댐퍼로 연결한다.

심주

심주와 철골조 탑체는 강재로 고정되어 있다.

심주

심주는 지상의 기초 위에 세워져 있다.

　유구조 이론의 발상에는 오래된 절에서 흔히 볼 수 있는 오층탑 기술을 이용하고 있습니다. 1923년에 일어난 간토 대지진으로 대부분의 건물이 무너졌는데, 우에노의 간에이지에 있는 오층탑만은 원래 모습을 보존하고 있었습니다. 그것을 본 건축학자가 그 오층탑의 구조를 조사해서 현대에 활용한 것입니다. 이는 **심주 제진**이라 부르는 구조로, 2012년에 준공된 도쿄 스카이트리에도 채택되었습니다.

　그런데 2011년 동일본 대지진에서는 고층 빌딩이 장주기 진동으로 크게 흔들려 다친 사람이 많이 발생했는데, 바로 유구조의 단점이기도 합니다. 다시 말해, 건물은 무너지지 않지만 크게 흔들립니다. 그래서 개발된 기술이 흔들림까지도 제어하는 **면진 구조**입니다.

　면진 구조는 고무처럼 모양이 쉽게 변형되는 소재로 되어 있는 장치 위에 건물을 세워, 지진 에너지가 건물에 전달되기 어렵게 만드는 방법입니다. 여기에 제진 구조를 결합하면 지진의 흔들림을 크게 줄일 수 있습니다. 내진, 제진, 면진 중 어떤 것이 뛰어난지는 경우에 따라 다릅니다. 따라서 건축 목적에 맞춰 알맞은 기술을 채택하고 있습니다.

＊ 심주 제진(心柱制振) : 불탑 꼭대기에 세운 장식의 중심을 뚫고 세운 기둥인 심주를 이용한 지진 대비 설계

＊ 도쿄 스카이 트리 : 일본 도쿄도 스미다구(墨田)에 세워진 전파탑이다. 본래 높이 610.58미터로 계획되었으나 2009년 10월에 높이 634미터로 설계가 변경되어, 캐나다의 CN 타워와 중국의 광저우타워를 제치고 세계에서 가장 높은 자립식 전파탑이 되었다. 2008년 7월 14일에 착공하였고, 2012년 2월 29일에 완공하였으며, 2012년 5월 22일부터 정식으로 영업을 시작하였다(출처 : 네이버 지식백과).

자동개찰기

자동개찰기와 교통카드의 결합으로 대중교통을 편리하게 이용할 수 있게 되었습니다. 그 원리를 살펴봅시다.

얼마 전까지만 해도 지하철을 타려면 발매기 앞에 줄을 서서 표를 산 후, 개찰구를 통과해야 했습니다. 지금은 교통카드(IC 카드)만 있으면 대중교통을 편하게 이용할 수 있습니다. 카드를 단말기에 갖다 대기만 하면 들어갈 수 있기 때문입니다.

이러한 편리한 시스템을 실현시킨 것이 비접촉식 IC 카드 기술로, 일반적으로 RFID라고 부릅니다. 교통카드로 개찰구를 통과하는 경우를 예로 들어 원리를 살펴보겠습니다.

역에 들어가려면 자동개찰기에 카드를 갖다 댑니다. 그러면 자동개찰기는 그 카드가 정상적인지를 인증한 후, 입금액을 읽어 들이고 날짜와 역명 등을 기록하는 일련의 조작을 실행합니다. 교통카드가 놀라운 것은 일련의 동작을 순식간에 실행한다는 점입니다. 개찰 작업이 순조롭게 진행되지 않으면 실용화가 어려울 뿐더러 인증이나 읽고 쓰기가 확실하게 보장되지 않으면 자동개찰의 의미가 없습니다. 교통카드는 이 두 가지 요건을 충분히 만족시키고 있습니다.

교통카드는 안테나와 IC 칩으로 이루어져 있습니다. 자동개찰기에서 나온 전파를 안테나가 전기로 바꿔 IC 칩을 작동시킵니다. 이것이 비접촉식 IC 카드의 특징입니다.

||| 교통카드의 동작

교통카드는 인증과 데이터의 읽고 쓰기를 단시간에 처리하므로 편리합니다.

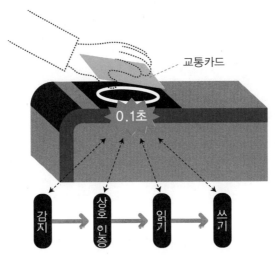

||| 교통카드 IC 칩의 구조

IC 칩은 리더와 라이터에서 나오는 전파로부터 전원을 공급받습니다.

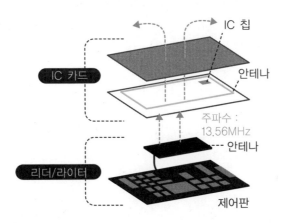

＊ 일본 FeliCa(펠리카)의 예. 펠리카는 소니가 개발한 비접촉 IC 카드 기술 방식이다.

소화기

가정이나 사무실에서 볼 수 있는 소화기를 자세히보면 'ABC'라는 글자가 새겨져 있습니다. 이것은 무엇을 의미하는 것일까요?

　요즘은 주택에도 화재경보기 설치가 의무화되어 있지만 화재 사고는 끊이지 않고 있습니다. 평소에 불조심을 하는 것이 가장 중요하지만 아무리 조심해도 사고는 일어나기 마련입니다. 화재가 발생했을 때 가장 먼저 도움이 되는 것이 바로 소화기입니다. 그렇다면 소화기는 어떤 원리로 불을 끄는 것일까요?

　뭔가가 타려면 가연 물질과 공기, 높은 온도, 그리고 계속 타기 위한 연쇄 화학 반응이 필요합니다. 반대로 불을 끄려면 이중 하나를 제거해야 합니다. 가정이나 사무실에서 불이 났을 때 생각할 수 있는 소화 방법으로는 연소 물체를 식혀서 불을 끄는 **냉각법**과 공기 제공을 차단하여 불을 끄는 **질식법**이 있습니다.

　대표적인 냉각법으로는 물을 뿌리는 방법이 있는데, 물을 뿌려 온도를 낮추는 것입니다.

||| 가압식 소화기와 축압식 소화기 |||

가정이나 사무실 등에 놓여 있는 소화기는 소화약제 분말이 뿜어져 나오는 분말 소화기로, 방식에는 가압식과 축압식이 있습니다.

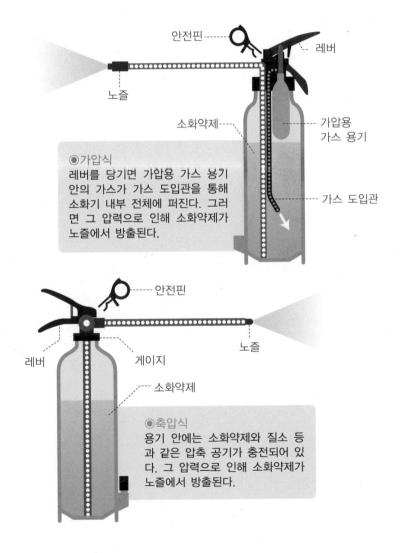

안전핀

레버

노즐

소화약제

가압용
가스 용기

●가압식
레버를 당기면 가압용 가스 봉기
안의 가스가 가스 도입관을 통해
소화기 내부 전체에 퍼진다. 그러
면 그 압력으로 인해 소화약제가
노즐에서 방출된다.

가스 도입관

안전핀

노즐

레버

게이지

소화약제

●축압식
용기 안에는 소화약제와 질소 등
과 같은 압축 공기가 충전되어 있
다. 그 압력으로 인해 소화약제가
노즐에서 방출된다.

질식법은 가정이나 사무실에 일반적으로 상비되어 있는 **ABC 소화기**에 사용되는 방법으로, 소화약제와 이를 방출하는 이산화탄소와 질소에 의해 산소를 차단시킵니다.

그런데 ABC 소화기에 쓰여 있는 'ABC'란 무엇을 의미하는 것일까요? 바로 화재 시에 연소하는 물질을 분류한 것으로, A는 보통 화재(목재, 종이 등의 화재), B는 기름 화재(석유나 유지류 등의 화재), C는 전기 화재(전기설비 등의 화재)를 나타냅니다. 화재 시에는 이중 어느 것이 원인인지를 판단하여 알맞은 약제가 들어 있는 소화기를 사용하는 것이 중요하지만, 일반 가정에서 판단하는 것은 어렵습니다. 그래서 어떤 화재에도 효과적인 약제가 들어 있는 소화기가 필요하게 되었고, 그것이 바로 ABC 소화기입니다.

가정이나 사무실용 ABC 소화기의 대부분은 소화약제 분말이 강하게 뿜어져 나오는 분말 소화기인데, 이 분말을 분출시키는 원리에는 두 가지가 있습니다.

가압식 소화기는 레버를 당기면 내부의 압력용 가스 용기가 깨져서 고압가스(이산화탄소와 질소)가 소화약제와 함께 분출됩니다. 한편 **축압식 소화기**는 소화약제와 고압가스(이산화탄소와 질소)가 같이 들어 있는 타입입니다.

Technology 007
전기계량기

사용한 전기량을 측정하는 전기계량기가 눈에 보이지 않는 전기량을 측정할 수 있는 것은 '아라고 원판'이라는 현상을 이용하고 있기 때문입니다.

　가정에서 사용한 전기량은 **적산전기계량기**(줄여서 **전기계량기**)로 측정합니다. 집 외벽에 설치되어 있으며, 빙글빙글 돌아가는 원판이 보이는 것이 바로 계량기입니다.

　전기계량기는 어떤 원리로 사용한 전기량을 정확하게 측정하는 것일까요? 그리고 이 원판에는 무슨 의미가 있는 것일까요? 그 비밀을 살펴봅시다.

　전기계량기는 물리학에서 유명한 **아라고 원판**이라는 현상을 이용하고 있습니다. 아라고 원판이란 실로 매단 보통의 알루미늄 원판 아래에서 자석을 회전시키면 원판이 자석과 같이 회전하는 현상을 말합니다. 철로 된 원판이라면 자석에 반응하는 것이 당연하지만, 자석과 상관없는 알루미늄 판이 자석의 영향을 받는 것입니다. 전기계량기에서 빙글빙글 돌아가는 금속판이 바로 알루미늄 판입니다.

　아라고 원판 현상은 **전자기유도법칙**으로 설명할 수 있습니다. 이 법칙은 '변화를 감쇄하는 방향으로 전기현상이 일어나는 것'을 말합니다. 전기계량기의 경우 자석이 진행하는 쪽에서는 원판 위의 자력이 증가하지만, 이 법칙 때문에 그것을 감쇄하려고 하는 소용돌이 형태의 전류가 원판 안에 생겨납니다. 이 전류가 만드는 전자석이 회전하는 자석과 작용하여 원판을 돌리는 것입니다.

||| 아라고 원판이란?

아라고 원판은 알루미늄 원판 아래에서 자석을 돌리면 원판이 자석과 같은 방향으로 도는 현상으로, 전자기유도법칙으로 설명됩니다.

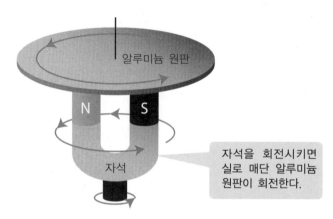

알루미늄 원판

자석

자석을 회전시키면 실로 매단 알루미늄 원판이 회전한다.

||| 알루미늄 원판이 회전하는 이유

알루미늄 원판 위에 N극 자석이 진행하는 쪽에 원 C1이 있다고 생각합시다. N극이 다가오고 있기 때문에 위쪽 방향의 자력선이 증가합니다. 그러면 전자기유도법칙에 의해 그것을 상쇄하려는 자력선이 아래쪽 방향으로 발생합니다. 즉, 원 C1에는 위를 S극, 아래를 N극으로 하는 전자석이 생기는 것입니다. 전자석의 N극과 자석의 N극이 서로 반발하여 원판이 자석의 진행 방향으로 밀립니다. 이와 같은 원리로 원판이 회전하는 것입니다. 그림에서 원 C2에 대해서도 똑같은 반발력이 작용합니다.

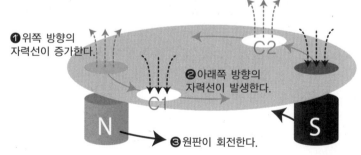

❶위쪽 방향의 자력선이 증가한다.

❷아래쪽 방향의 자력선이 발생한다.

❸원판이 회전한다.

C2

C1

N

S

‖‖ 전기계량기의 원리 ‖‖

전원 쪽에는 전압 코일이 병렬로, 실내 배선 쪽에는 전류 코일이 직렬로 연결되어 있습니다. 전류와 전압이 거의 1/4 주기만큼 시간차가 있는 것을 이용하여, 아라고 원판의 회전 자석과 똑같은 효과를 전자석으로 냅니다. 또한 공회전을 막기 위해 설치된 제동 자석을 전자기 브레이크라고 합니다. 이 현상도 아라고의 원판으로 설명할 수 있습니다(그림의 C 참조).

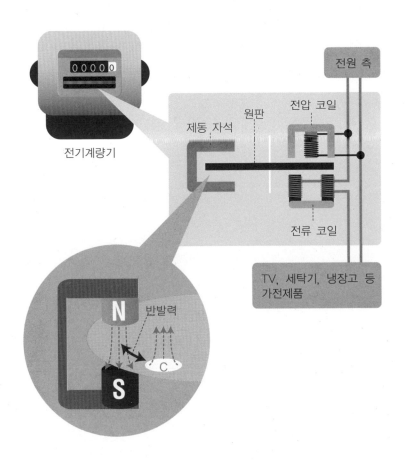

실제 전기계량기에는 회전하는 자석은 없지만, 그 대신 자석과 같은 역할을 하는 코일을 알루미늄 원판의 위아래에 배치합니다. 위와 아래에서 코일에 전류를 흘려보내는 타이밍에 시간차를 두어 회전하는 자석에 해당하는 자력을 전자석에서 만들고 있습니다.

게다가 코일은 실내 배선과 연결되어 있습니다. 전기를 많이 사용하면 그만큼 코일에 흐르는 전류가 늘어 강한 전자석이 생겨나 원판이 빠르게 회전하게 됩니다. 이 회전수를 측정해서 사용 전력을 산출하는 것입니다.

전기계량기에는 아라고 원판 현상이 한 군데 더 사용됩니다. 안쪽의 알루미늄 원판은 코일의 전자석과는 별도의 **제동 자석**이라 부르는 영구 자석에 끼워져 있습니다. 제동 자석은 원판이 공회전하지 않도록 브레이크 역할을 하는데, 제동 원리는 아라고 원판과 동일합니다.

Technology 008
댐

거대한 댐에는 사람을 끌어당기는 묘한 매력이 있습니다. 본래 댐이 갖고 있는 역할은 무엇일까요?

거대한 건축물이라고 하면 댐을 빼놓을 수 없는데요, 큰 댐은 사람을 매료시킵니다. 초록으로 둘러싸인 호수와 거대한 콘크리트 인공물의 대비가 만들어 내는 경관은 관광지로서의 요건도 갖추고 있습니다.

댐에는 아름다운 아치를 그리고 있는 댐, 그저 바위를 쌓아올린 댐 등 다양한 종류가 있습니다. 대표적인 형태를 살펴봅시다.

중력식 콘크리트 댐은 콘크리트 자체의 무게에 의해 물이 댐을 누르는 힘을 견딜 수 있도록 만들어진 댐입니다. 단단한 암반 위에 만들어진 댐으로 가장 많이 볼 수 있는 형태입니다.

아치형 콘크리트 댐은 상류 쪽이 활 모양으로 휜 댐입니다. 아치 형태를 이용하여 물이 댐을 누르는 힘을 양쪽 기슭에서 지지합니다. 양쪽의 암반은 단단해야 하지만 콘크리트의 양이 중력식 댐의 30% 정도만 있으면 되므로 경제적입니다. 필댐(fill dam)은 흙이나 자갈 덩어리를 쌓아올려 만든 댐으로, 중심부에 흙으로 차수벽을 만들거나 표면을 콘크리트로 덮어 물을 차단합니다. 기초 지반이 크게 단단하지 않아도 지을 수 있습니다.

댐에는 콘크리트 중력댐, 콘크리트 아치댐, 필댐 등 다양한 종류가 있습니다. 각각의 특징을 살펴봅시다.

◉ 콘크리트 중력댐
콘크리트 자체의 무게에 의해 물이 댐을 누르는 힘을 견딜 수 있다.

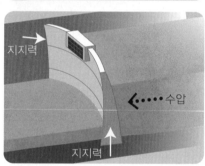

◉ 콘크리트 아치댐
물이 댐을 누르는 힘을 아치 작용에 의해 양쪽 기슭에서 지지한다.

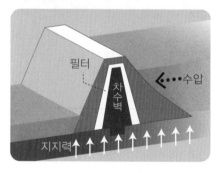

◉ 필댐
모래나 바위 덩어리를 쌓아올려 만들어진 댐. 록필댐(rock-fill dam)이 유명하다.

||| 댐의 홍수 조절 기능 |||

댐에는 방대한 양의 물이 한꺼번에 하류로 흘러가는 것을 막기 위해 수량을 조절하는 기능이 있습니다.

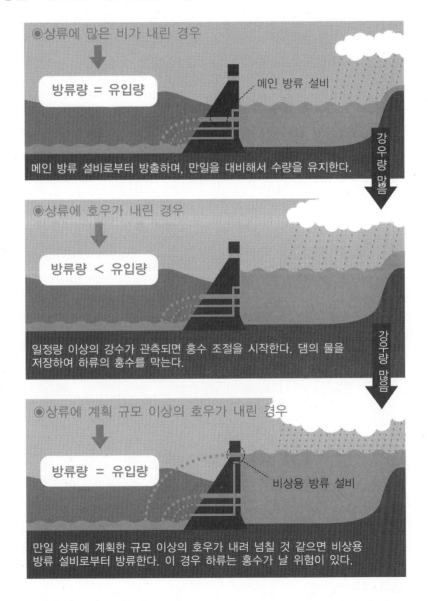

●상류에 많은 비가 내린 경우

방류량 = 유입량

메인 방류 설비

메인 방류 설비로부터 방출하며, 만일을 대비해서 수량을 유지한다.

강우량 많음

●상류에 호우가 내린 경우

방류량 < 유입량

일정량 이상의 강수가 관측되면 홍수 조절을 시작한다. 댐의 물을 저장하여 하류의 홍수를 막는다.

강우량 많음

●상류에 계획 규모 이상의 호우가 내린 경우

방류량 = 유입량

비상용 방류 설비

만일 상류에 계획한 규모 이상의 호우가 내려 넘칠 것 같으면 비상용 방류 설비로부터 방류한다. 이 경우 하류는 홍수가 날 위험이 있다.

댐을 건설하는 목적은 크게 3가지입니다. 이수, 치수 그리고 발전입니다. 단일 목적으로 건조되는 댐이 있는가 하면 복수의 목적으로 건조한 것을 다목적 댐이라고 합니다. 치수용 댐에 대해 살펴보겠습니다.

강이 가팔라서 상류에서 비가 많이 내리면 방대한 양의 물이 한꺼번에 하류로 흘러가 홍수가 발생할 위험이 있습니다. 그래서 유입되는 수량의 일부를 일시적으로 저장하여 하류로 흘러가는 수량을 줄이고 하류에 홍수 피해가 나지 않도록 방지해야 합니다. 이것이 치수용 댐의 역할입니다.

이러한 조절 기능을 **홍수 조절**이라고 합니다. 간단히 말해 호우로 많은 양의 물이 흘러오면 일단 댐에 가두어 안전한 양만 하류로 흘려보내는 것입니다. 댐의 기능을 다하기 위해 유입되는 물의 양을 감시하거나 많은 양의 비가 예상될 때는 사전에 미리 물을 흘려보내는 등 항상 신경을 써야 합니다.

댐을 관리하는 것은 국가의 국토를 보이지 않는 곳에서 지키는 일입니다.

Technology 009
자동판매기

걸거리와 지하철역 구내, 건물 안 등에서 손쉽게 음료
수 등을 구입할 수 있어 편리한 자동판매기. 일본에는
자동판매기만 있는 편의점이 있을 정도입니다. 자동판
매기에 적용되는 기술도 날로 발전하고 있습니다.

　자동판매기(약칭 자판기)의 역사는 의외로 오래 되었습니다. 세계에서
가장 오래된 자동판매기는 2000년 이전으로 거슬러 올라갑니다. 이집트
의 한 사원에 동전을 투입하면 물이 나오는 장치가 설치되어 있었다고 합
니다. 일본은 자판기만 있는 편의점이 있을 정도로 보급률이 높습니다.
음료수나 과자뿐만 아니라 꽃이나 속옷 등 다양한 제품을 자판기에서 살
수 있습니다.

　해외에 가 보면 자판기가 쉽게 눈에 띄지 않아 적은 듯 보이지만 실제
로 보급된 자판기 수로 보면 일본은 미국이나 유럽보다 적다고 합니다.
해외에서 눈에 띄지 않는 이유는 노출되는 정도가 낮기 때문입니다. 해외
에서는 빌딩 안과 같이 방범 대책이 시행되고 있는 장소에 설치하는 경우
가 많기 때문에 일본 만큼 눈에 띄지 않는 것입니다.

　자판기의 보급이 확대된 데에는 다양한 노력들이 숨어 있습니다. 예를
들어 절전을 위한 노력을 들 수 있는데, 최근 25년 동안 자판기의 전력
소비량은 70퍼센트 이상 감소되었습니다. LED 조명을 사용하고, 센서를
부착하여 조도를 조절하며, 음료수가 나오는 부근만 냉각 또는 온도를 올
려 바로 팔릴 것만 데우거나 식힙니다.

||| 세계 최초의 자동판매기는 신전의 성수 |||

동전

성수

세계에서 가장 오래된 자동판매기는 기원전 3세기 무렵 이집트의 사원에 설치된 '성수 자판기'라고 합니다.
위쪽의 구멍에 동전을 투입하면 그 무게로 인해 동전 접시가 기울어지고, 동전이 아래로 떨어져서 접시가 원래 상태로 되돌아갈 때까지 꼭지가 열려 물이 나오는 구조로 되어 있습니다.

||| 캔 자동판매기의 기본 구조 |||

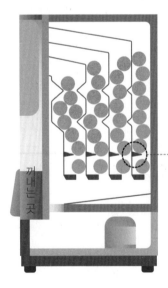

꺼내는 곳

그림은 자판기를 옆에서 본 모습입니다. 온냉 장치는 음료를 꺼내는 부근에 있어 바로 팔리는 부분만 데우거나 식힙니다. 음료를 꺼내는 곳에는 발톱 모양의 부품이 두 개 있어서 하나씩 꺼낼 수 있도록 되어 있습니다.

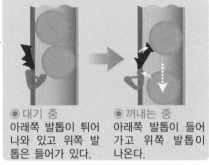

◉ 대기 중
아래쪽 발톱이 튀어나와 있고 위쪽 발톱은 들어가 있다.

◉ 꺼내는 중
아래쪽 발톱이 들어가고 위쪽 발톱이 나온다.

||| 따뜻한 캔과 차가운 캔을 동시에 파는 자판기 |||

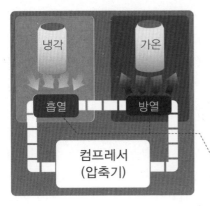

쉽게 말해 에어컨을 자동판매기에 도입한 구조입니다. 실내기로 식히고, 실외기로 데우는데, 이 방식을 '히트 펌프 방식'이라고 합니다.

||| 동전의 판별 방법 |||

동전의 종류는 형태나 무게로 식별합니다. 동전의 모양을 센서가 순식간에 읽어 들이거나 자기를 대서 성분의 차이에서 오는 자기의 변화를 감지하여 판별합니다.

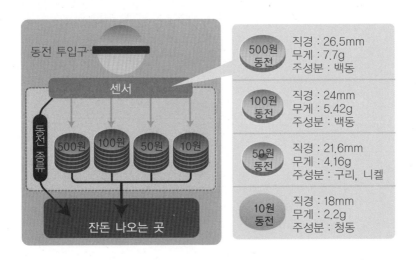

친환경 자판기라고 해서 '피크 시프트' 기능을 탑재한 자판기도 등장했습니다. 전기를 가장 많이 사용하는 여름철 오후에는 냉각 운전을 정지시키고, 그 전에 음료수를 완전히 냉각시켜 두는 기능을 겸비하고 있는 자판기입니다. 이렇게 하면 여름철 발전소의 부담을 줄일 수 있습니다.

일본에서만 볼 수 있는 재미있는 자판기도 있는데요. 바로 따뜻한 음료와 차가운 음료를 동시에 파는 기능이 있는 자판기입니다. 좁은 공간을 효율적으로 이용하기 위해 냉각 시 배출되는 열을 이용합니다.

일본의 자판기 정면에는 설치 장소를 나타내는 스티커가 붙어 있는데, 2005년부터 시작된 서비스로 재해 시 등에 자신이 위치한 장소를 바로 알 수 있도록 하기 위한 것입니다. 또한 재해 시에는 안에 있는 음료를 무료로 제공하는 기능이 있는 것도 있습니다. 자판기는 우리 생활에 없어서는 안 될 인프라적인 존재라고도 할 수 있습니다.

Technology 010
골프공

골프공의 표면은 브랜드에 따라 딤플의 모양이 조금씩 다릅니다. 사실 이 모양은 특허의 결정체라고 합니다.

이제 골프는 나이와 국적을 불문하고 스포츠계의 꽃이라고 할 수 있습니다. 특히 젊은 프로 골퍼의 활약상이 스포츠 뉴스의 일면을 장식하는 일이 많아졌습니다.

골프공의 **딤플**(공 표면에 움푹 패인 곳)을 보면 브랜드에 따라 모양과 깊이가 다르다는 것을 알 수 있습니다. 고작 패인 모양이 무슨 상관이냐고 얕보다가는 큰일 납니다. 왜냐하면 이 차이에는 중요한 이유가 있기 때문입니다.

딤플의 기능은 크게 두 가지입니다. 바로 '양력의 추가'와 '공기 저항의 경감'입니다. 먼저 양력의 추가를 살펴보면, 일반적으로 모든 구기 종목에서는 공을 쳤을 때 **스핀**(회전)을 거는 것이 보통입니다. 공이 휘어지게 하고 싶거나 멀리 날리고 싶을 때에는 스핀을 겁니다. 이때 표면이 울퉁불퉁하면 그만큼 주위 공기와의 저항이 증가하여 스핀 효과가 커집니다.

그러면 스핀을 걸어 양력을 얻는 원리에 대해 생각해 봅시다. 백스핀을 걸면 공 위의 기류는 빨라지는 반면 공 아래는 느려집니다. 기류가 빠르면 기압이 낮아지고, 느리면 높아지는 성질이 있습니다(**베르누이 법칙**이라고 함). 따라서 공에 양력이 작용합니다.

||| 스핀 효과로 양력이 발생 |||

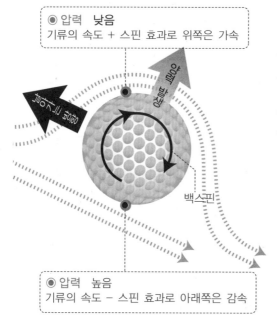

● 압력 낮음
기류의 속도 + 스핀 효과로 위쪽은 가속

양력 발생

공의 회전방향

백스핀

● 압력 높음
기류의 속도 − 스핀 효과로 아래쪽은 감속

백스핀을 걸면 공의 위쪽 기류는 빨라지고 아래쪽은 느려집니다. 기류는 속도가 빠르면 기압이 낮아지고, 느리면 높아집니다 (베르누이 법칙). 따라서 공에 양력(위로 작용하는 힘)이 작용하게 됩니다.

||| 에너지를 흡수하는 카르만 소용돌이 |||

골프공은 고속으로 날아가기 때문에 공의 뒤쪽에 압력이 낮은 부분이 생기는데, 그곳에 '카르만 소용돌이'가 발생합니다. 이 소용돌이가 공을 끌어당겨 직진 운동의 에너지를 흡수해 버립니다.

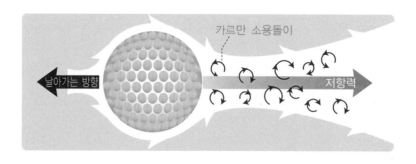

카르만 소용돌이

날아가는 방향

저항력

||| 딤플 효과로 비거리 상승 |||

골프공에 딤플이 있으면 기류가 떨어지는 것을 막고 카르만 소용돌이의 크기를 억제할 수 있습니다. 그래서 매끈매끈한 공보다 멀리 날아갈 수 있습니다.

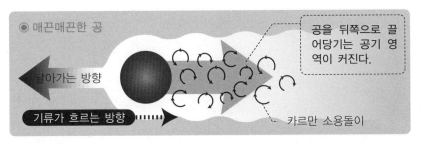

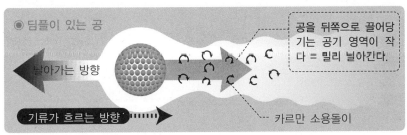

||| 딤플의 깊이와 비거리의 관계 |||

딤플이 없는 공은 높이 뜨지도 않고 비거리도 나오지 않습니다. 그렇다고 그냥 딤플이 있기만 하면 되는 것은 아닙니다. 깊지도 않고 얕지도 않은 최적의 딤플 깊이를 가진 공이 최대 비거리를 내는 것입니다.

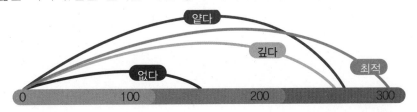

단위 : 야드(1야드=0.9144m)

딤플이 있으면 표면이 매끄러운 공보다 위쪽과 아래쪽의 기류 속도에 차이가 크기 때문에 그만큼 강한 양력을 받아 공이 멀리 날아갑니다. 타구의 궤적은 초속, 타출 각, 스핀 3가지로 결정되며, 이를 **비거리의 기본 3대 요소**라고 합니다. 딤플은 이중 세 번째에 관여합니다.

다음으로 공기 저항의 경감 효과에 대해 살펴봅시다. 물체가 공기 사이를 운동할 때는 저항을 받는데, 가장 큰 원인은 **카르만 소용돌이**에 있습니다. 공기의 흐름이 물체로부터 떨어져나가 소용돌이가 만들어지는데, 이 소용돌이가 물체의 움직임을 멈추려고 하는 것입니다.

딤플이 있으면 공기의 흐름이 공의 표면에서 떨어져나가는 것을 막고, 카르만 소용돌이의 발생을 억제할 수 있기 때문에 공은 더 멀리 날아갈 수 있습니다.

이와 같이 딤플의 크기와 깊이는 공이 날아가는 방법을 좌우합니다. 그래서 골프공 제조업체는 다양한 연구를 거듭하여 모양과 형태를 정하고 있는 것입니다.

Technology 011
태양전지

태양전지는 자연에너지를 이용한 발전 중에서도 기대가 큽니다. 태양전지에는 여러 종류가 있는데, 이들은 각각 어떻게 다를까요?

지구에 내리쬐는 태양광 에너지는 단 1시간에 지구의 전체 사용 에너지의 약 1년분에 필적한다고 합니다. 이 에너지를 유용하게 사용할 수 있다면 작금의 발전 형태로 인한 자원 고갈이나 지구온난화, 방사능 사고의 위험과 같은 여러 가지 에너지 문제를 해결할 수 있습니다. 태양광 에너지를 유용하게 사용하는 대표적인 방법이 바로 태양전지에 의한 발전, 즉 **태양광 발전**입니다.

태양전지는 예로부터 전자계산기에 내장된 전지로, 우리에겐 친숙합니다. 규소(실리콘) 결정에 인을 조금 더한 n형 반도체와 붕소를 조금 더한 p형 반도체를 접합하여 만듭니다. 이 반도체에 빛을 쬐면 빛 에너지에 의해 경계면에 전자와 정공이 발생합니다. 전자는 n형 반도체 쪽, 정공은 p형 반도체 쪽을 향해 이동하여 전압을 발생시키는 것입니다.

간단히 말하면 태양광 에너지에 의해 분리된 전자와 정공이 다시 붙으려고 하는 힘으로 전기를 발생시키는 것입니다. 전기를 공급하면 빛이 나는 발광 다이오드의 역현상이라고도 해석할 수 있습니다.

태양전지는 규소가 주 소재이기 때문에 **실리콘 계열 태양전지**라고 합니다. 실리콘 계열은 에너지 변환효율이 좋은데, 무려 효율이 25퍼센트에 가까운 것도 개발되었습니다.

||| 태양전지의 발전 원리 |||

태양전지는 규소(실리콘) 결정에 인을 더한 n형 반도체와 붕소를 더한 p형 반도체를 접합하여 만듭니다. 이 반도체에 빛을 내리쬐면 경계면에 전자와 정공이 발생하여 전극에 전압을 만듭니다.

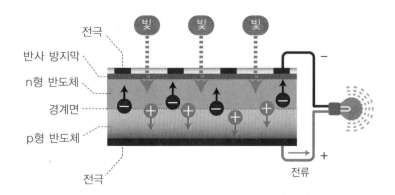

||| 재료에 따른 주요 태양전지의 종류 |||

태양전지는 사용하는 재료에 따라 아래와 같이 분류됩니다. 위 그림에서 설명한 발전 원리는 실리콘 계열 태양전지입니다.

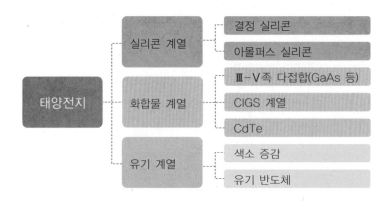

||| 색소 증감형 태양전지의 원리 |||

특수한 색소를 흡착시킨 이산화티탄 분말을 칠한 전극과 아이오딘(요오드)을 녹인 전해질 액체로 되어 있습니다. 빛은 색소에 닿으면 전자를 날리는데, 이것을 이산화티탄이 받습니다. 받은 전자는 전류가 되어 반대 극으로 흐르고, 전해질 액체 속의 아이오딘 이온에 전달됩니다. 아이오딘 이온은 받은 전자를 원래의 색소로 돌려 보냅니다. 이 과정을 반복하여 발전하는 구조입니다.

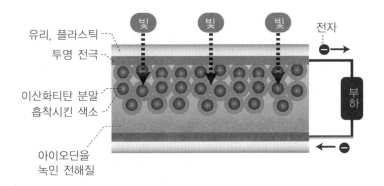

||| 맑은 날의 태양광 발전량과 소비량의 추이 |||

태양이 내리쬐는 낮 시간은 발전량이 전기 사용량보다 많기 때문에 잉여 전력을 전력회사에 팔 수 있습니다.

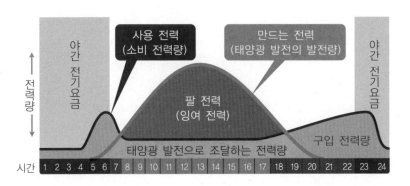

하지만 생산 비용이 높기 때문에 이를 대체할 다양한 태양전지를 개발하고 있습니다. 바로 **화합물 계열**이나 **유기 계열** 태양전지입니다. 이것들은 더 세세하게 분류할 수 있지만 한 가지를 빼면 거의 대부분이 실리콘 계열 태양전지와 똑같은 구조로 되어 있습니다. 제외되는 하나는 **색소 증감형 태양전지**라고 부르는 것으로, 동작 원리는 식물의 광합성과 거의 비슷합니다.

발전용으로 이용되는 태양전지의 대부분은 실리콘 계열입니다. 다른 것은 변환효율이 10퍼센트에도 미치지 못하는 것이 많아서 장래는 유망하지만 아직 보급에는 이르지 못하고 있습니다.

참고로 일본은 태양전지를 설치하면 보조금이 지원되며 발전 전력을 매입하는 제도도 있습니다. 가정의 옥상에 설치된 태양전지는 스마트 사회라고도 부르는 에너지 자급사회에서 중요한 아이템입니다.

전선은 3줄이 1세트

전봇대를 유심히 보면 전선 3줄이 한 세트로 되어 있습니다. 가전제품의 코드는 2줄이 한 세트로 되어 있는데, 송전선은 왜 3줄이 한 세트일까요?

그 이유는 3상 교류라는 송전 방식을 채택하고 있기 때문입니다.

3상 교류는 3줄의 각 전선을 교류가 시간차를 두고 흐릅니다. 이 시간차 덕분에 3줄의 전압을 합치면 서로 상쇄되어 전압이 0이 됩니다. 전선의 종단에서 3줄을 묶으면 묶인 곳의 전압이 0이 되어 전류가 흐르지 않습니다. 즉, 쓰고 남은 전류가 되돌아오는 길이 필요 없다는 뜻입니다. 이는 상당히 편리한 성질입니다. 왜냐하면 보통의 교류(단층 교류)의 경우 3회 왕복에 합계 6줄의 전선이 필요한 반면, 3상 교류의 경우는 편도 3줄의 전선으로 해결되기 때문입니다. 전선이 반으로 줄어들기 때문에 송전설비 비용을 크게 줄일 수 있습니다.

제2장

가전제품의
대단한 기술

가정에서 사용하는 전자제품에는 어떤 기술이 숨겨져 있을까요? 냉장고나 세탁기 등 어느 가정에나 있는 가전제품의 기술에 대해 살펴봅시다.

냉동냉장고

일찍이 '신기(神器) 3종 세트' 중 하나로 여겨지며 크게 유행한 냉장고. 지금도 백색가전의 대표 주자로 중요한 역할을 하고 있습니다.

1930년 일본에서 처음으로 냉장고가 출시됐을 때 가격이 720엔이었다고 합니다. 당시에는 이 금액이면 작은 집 한 채를 지을 수 있을 정도로 비싸 업무용이나 부유층에게만 팔렸습니다.

지금은 냉장고 보급률이 거의 100퍼센트에 달하고 있으니 실로 격세지감을 느끼지 않을 수 없습니다.

냉장고의 냉각 원리는 알고 보면 단순합니다. 피부에 물을 묻히고 나서 '후' 하고 입으로 바람을 불면 시원함을 느낄 수 있는 것과 똑같은 원리입니다. 물이 수증기로 바뀔 때 **기화열**을 빼앗아 주위의 온도를 낮추는 성질을 사용한 것입니다. 냉장고에서 이 물과 같은 역할을 하는 것을 **냉매**라고 합니다.

실제로 구조를 살펴봅시다. 냉동냉장고는 압축기(컴프레서)와 두 개의 열교환기(**냉각기와 방열기**)로 되어 있습니다. 냉장고 안에 있는 냉각기에서는 냉매가 증발하여 기화열을 빼앗아 냉장고 안을 식힙니다. 기체가 된 냉매는 컴프레서의 힘으로 액체로 바뀌어 방열기로 이동하여 냉장고 안에서 빼앗은 열을 방출합니다. 냉각의 원리는 이 과정을 반복하는 것입니다.

＊ 가전 신기(新器, 신이 내린 3가지 물건)란 성숙된 가전시장에 활기를 가져올 새로운 기종의 가전제품의 출현을 新器 또는 神器로 부르는 일본 시장의 용어, 1970년대 일본의 가전 3종 신기는 냉장고, 세탁기, 텔레비전.

||| 냉장고의 구조 |||

액체에서 기체로 성질을 바뀔 때 주위의 열을 빼앗는데, 이를 '기화열'
이라고 합니다. 냉장고의 내부를 차게 식히는 원리는 이 기화열에 있습
니다.

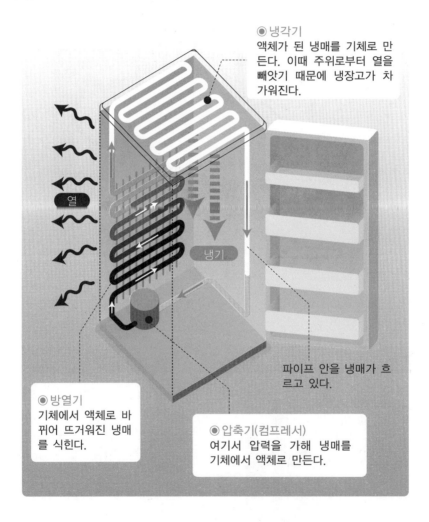

● 냉각기
액체가 된 냉매를 기체로 만
든다. 이때 주위로부터 열을
빼앗기 때문에 냉장고가 차
가워진다.

열

냉기

파이프 안을 냉매가 흐
르고 있다.

● 방열기
기체에서 액체로 바
뀌어 뜨거워진 냉매
를 식힌다.

● 압축기(컴프레서)
여기서 압력을 가해 냉매를
기체에서 액체로 만든다.

||| 직접냉각 방식과 간접냉각 방식 |||

예전의 냉장고는 대부분이 직접냉각 방식이었지만 냉동실, 냉장실, 야채실을 최적의 위치에 배치하기 위해 최근에는 간접냉각 방식이 많이 사용됩니다. 이렇게 하면 서리가 잘 끼지 않는 효과도 얻을 수 있습니다.

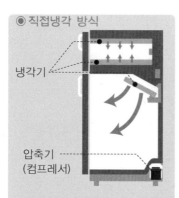

◉ 직접냉각 방식

냉각기

압축기
(컴프레서)

냉장고 안에 냉각기를 설치하여 직접 냉각시키는 방식. 일반적으로 자연 대류로 냉각시키며, 냉동고와 냉장고에 각각 전용 냉각기를 둔다.

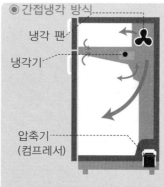

◉ 간접냉각 방식

냉각 팬

냉각기

압축기
(컴프레서)

냉장고 안쪽에 있는 냉각기에서 만든 냉기를 냉각 팬을 통해 냉동실과 냉장실로 보내는 방식

||| 펠티에 방식의 구조 |||

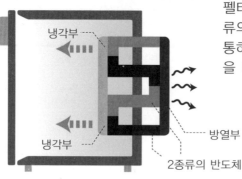

냉각부

냉각부

방열부

2종류의 반도체

펠티에 방식의 냉장고는 두 종류의 반도체를 접합시켜 전류를 통하게 히면 한 쪽이 식는 성질을 이용하고 있습니다.

가정용 냉장고는 냉동실, 파셜 케이스, 칠드 케이스, 냉장실, 야채실 등으로 나뉘어 있습니다. 각각은 영하 15~20도, 영하 1~3도, 0~2도, 2~5도, 3~8도와 같이 보존하는 식품의 성질에 따라 온도를 조절하고 있습니다.

찬 공기는 아래로 내려가는 성질을 이용하여 예전의 냉장고에는 냉동고가 제일 위 칸에 있고 아래로 가면서 파셜 케이스, 칠드 케이스, 냉장실, 야채실 순으로 배치되었습니다. 하지만 식품을 꺼내는 빈도가 높은 야채실이 아래에 있으면 사용하기 힘들기 때문에 지금은 냉동고가 가장 아래 칸에 있는 것이 많습니다.

이를 실현하기 위해 차게 식힌 공기를 강제로 순환시켜 각각의 영역을 최적의 온도로 맞추고 있는데, 이 방식을 **간접냉각 방식**이라고 합니다.

한편 야외에서 냉장고를 사용하고 싶은 경우에 도움이 되는 것이 **펠티에 방식** 냉장고입니다. 이것은 '다른 종류의 도체나 반도체의 접점에 전류를 흘려보내면 열의 발생 또는 흡수가 일어난다'는 **펠티에 효과**를 이용한 것입니다. 구조가 단순하므로 에너지가 절약되고 소형으로 제작이 가능합니다.

세탁기

세탁기는 냉장고, 흑백 TV와 더불어 중산층의 '혼수 3종'으로 불리며 동경의 대상이었습니다. 요즘의 세탁기는 새로운 기술을 적용하여 발전을 거듭하고 있습니다.

일본 최초의 분류식 세탁기가 발매된 것은 1953년의 일로, 대졸 국가 공무원의 초봉이 8,000엔도 되지 않았던 시대에 3만 엔에 가까운 고가였습니다. 그런데도 세탁기는 크게 히트를 쳤습니다. 왜냐하면 빨래는 그 정도로 주부에게 힘든 일이었기 때문입니다.

그런데 세탁기는 어떤 원리로 옷을 깨끗하게 빨 수 있는 것일까요? 그 이유는 바로 세제와의 협업에 있습니다. 세탁기는 물의 움직임으로 옷의 때를 떼어 떨어뜨리므로, 물에 녹는 때는 이 작용만으로도 잘 빠집니다. 문제는 물에 녹지 않는 기름때인데, 이 경우에 세제의 힘을 빌리는 것입니다.

세탁용 세제는 계면활성제로 되어 있습니다. 이것은 물에 녹는 친수성과 녹지 않는(기름에 녹는) 친유성(소수성이라고도 함)을 가진 가늘고 긴 분자로 되어 있습니다. 세탁조 안에서 물에 녹지 않는 기름때에 친유성 부분이 달려들어 친수성 부분을 물 쪽으로 향하게 합니다. 계면활성제로 둘러싸이면 물에 녹지 않는 기름때가 물에 녹는 형태로 모양이 바뀌므로 물에 흘려보낼 수 있는 것입니다.

||| 세탁기에서 때가 빠지는 원리 |||

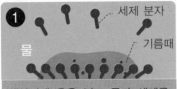

세탁기에 옷을 넣고 물과 세제를 넣으면 세제 분자가 기름때에 들러붙는다.

세탁용 세제는 계면활성제로 되어 있습니다. 계면활성제가 기름때를 둘러싸서 물에 씻겨 나가도록 해 줍니다(자세한 내용은 138쪽).

물이 뒤섞이면서 세제 분자가 기름때를 둘러싼다.

마지막으로 기름때가 물 속에 녹아든다.

||| 세 가지 세탁 방식 |||

세탁기는 크게 와류식, 교반식, 드럼식 세 종류로 나눌 수 있습니다.

◉ 와류식
사용국 : 한국, 일본
특징 : 주물러 빨기

◉ 교반식
사용국 : 미국
특징 : 흔들어 빨기

◉ 드럼식
사용국 : 유럽
특징 : 두드려 빨기

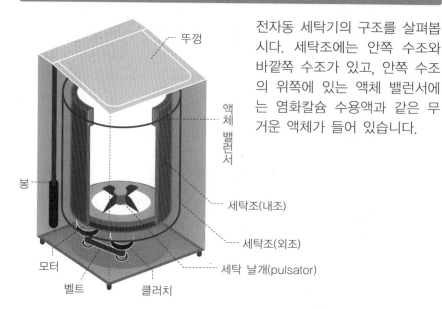

전자동 세탁기의 구조를 살펴봅
시다. 세탁조에는 안쪽 수조와
바깥쪽 수조가 있고, 안쪽 수조
의 위쪽에 있는 액체 밸런서에
는 염화칼슘 수용액과 같은 무
거운 액체가 들어 있습니다.

액체 밸런서의 내부는 비어 있는데 여기에 들어 있는 무거운 액체가 세
탁을 할 때 세탁조의 균형을 잡는 역할을 하고 있습니다.

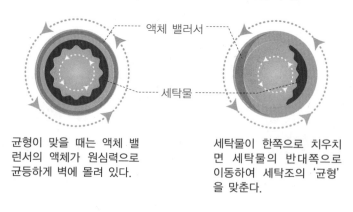

균형이 맞을 때는 액체 밸
런서의 액체가 원심력으로
균등하게 벽에 몰려 있다.

세탁물이 한쪽으로 치우치
면 세탁물의 반대쪽으로
이동하여 세탁조의 '균형'
을 맞춘다.

세탁기는 다음 세 가지 형식으로 나눌 수 있습니다.

와류식(수류식, 소용돌이식이라고도 함)은 물 공급 사정이 좋은 나라에서 보급된 형식입니다. 물살을 이용하여 빠는 방식으로, '주물러 빨기'를 응용한 세탁 방식입니다. 가볍고 크기가 작아 세면대에 옆에 놓고 사용할 수 있지만 물살이 강하기 때문에 세탁물이 엉켜서 옷감이 상할 수 있습니다.

교반식은 북미에서 보급된 형태로, 교반 날개라는 판을 왕복 운동시켜 세탁하는 방식입니다. '봉으로 저어서' 빠는 방식을 응용한 것입니다. 한 번에 많은 빨래를 할 수 있지만 크기가 크고 무겁다는 단점이 있습니다.

드럼식은 유럽에서 보급된 형태입니다. 가로로 누운 드럼이 회전하면서 세탁하는 방식으로, '두드려 빨기'를 응용했습니다. 옷감이 상하지 않고 물 사용량도 적다는 장점이 있지만 세탁 시간이 깁니다. 또한 가로 방향으로 안정시켜야 해서 무겁습니다. 요즘에는 건조기와 일체형으로 된 드럼식 세탁기가 인기가 많습니다. 기존의 건조기와 마찬가지로 드럼식은 건조한 때 바람을 옷에 쉽게 통과시킬 수 있습니다. 각 제조업체들이 각 방식의 결점을 보완하기 위해 노력을 거듭하고 있습니다.

전기스토브

가전판매점에 가면 다양한 전기스토브가 진열되어 있습니다. 너무 많아서 뭘 사야 할지 고민이 됩니다.

일반적으로 난방 기구는 크게 **전도형**, **대류형**, **방사형**으로 나뉩니다. 최근 수요가 늘고 있는 냉난방 겸용 에어컨이나 팬히터는 대류형 난방기인데, 이들의 인기에 밀려 눈에 띄지는 않지만 전기스토브도 잘 팔리고 있습니다. 전기스토브는 손쉽게 들어 옮길 수 있고 원하는 곳을 바로 따뜻하게 할 수도 있으며, 공기도 더럽히지 않기 때문에 좁고 밀폐된 공간에서도 몸을 녹일 수 있습니다. 이러한 특징 때문에 가정용 난방기구로서 꾸준하게 지지를 받고 있는 것입니다.

'옛날 방식'의 전기스토브는 **석영관 히터**를 열원으로 했습니다. 석영관 히터는 쿼츠 히터라고도 하는데, 니크롬선을 석영 유리로 둘러싼 것입니다. 토스터와 같은 전열기구에 많이 이용되고 있습니다. 이 고전적인 히터는 따뜻해지는 데 시간이 걸리고 수명이 짧다는 단점이 있습니다. 그래서 이를 개선한 다양한 전기스토브가 개발되었습니다.

석영관 히터를 개선하여 수명을 늘린 것이 **시즈 히터**입니다. 전기포트 등에도 사용하는 히터로, 10년 이상 사용할 수 있지만 고가라는 단점이 있습니다.

||| 난방기구의 분류 |||

난방기구는 성질에 따라 전도형, 대류형, 방사형으로 분류할 수 있습니다. 각각의 특징과 대표적인 기구를 소개하면 다음과 같습니다.

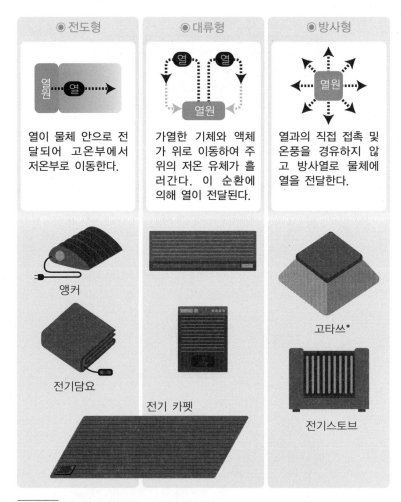

◉ 전도형	◉ 대류형	◉ 방사형
열이 물체 안으로 전달되어 고온부에서 저온부로 이동한다.	가열한 기체와 액체가 위로 이동하여 주위의 저온 유체가 흘러간다. 이 순환에 의해 열이 전달된다.	열과의 직접 접촉 및 온풍을 경유하지 않고 방사열로 물체에 열을 전달한다.
앵커 전기담요	전기 카펫	고타쓰* 전기스토브

＊ 고타쓰 : 일본에서 사용하는 전열기구

전열기구의 열원으로 가장 많이 사용하는 것이 바로 석영관 히터입니다. 니크롬선을 석영 유리관으로 감싼 고전적인 방식입니다.

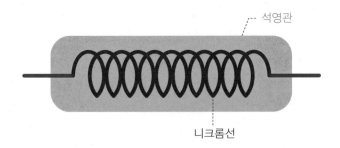

원적외선 부분이 주로 몸을 따뜻하게 하므로 원적외선이 많이 나오는 스토브가 따뜻합니다. 그래서 붙은 이름이 '원적외선 스토브'입니다.

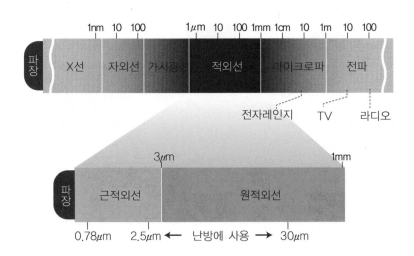

　따뜻해지는 데 시간이 걸리는 석영관 히터의 단점을 극복한 것이 **할로겐 히터**입니다. 열원은 석영 유리관에 할로겐 가스를 주입하고 텅스텐이라는 금속을 필라멘트(발열체)로 만든 석영관입니다. 스위치를 켬과 동시에 빨갛게 빛이 나면서 난방을 시작합니다. 하지만 조악한 제품으로 인한 화재 사고와 카본히터의 등장으로 인기가 시들어졌습니다.

　카본 히터는 석영관에 카본 필라멘트를 불활성 가스와 함께 넣은 히터입니다. 빨리 따뜻해지면서 따뜻함을 느끼게 하는 **원적외선**을 많이 방출합니다. **그라파이트**(Graphite, 흑연) **히터**라고 하는 스토브도 같은 종류의 히터입니다.

　카본 히터나 그라파이트 히터 등을 **원적외선 히터**라고 선전하는 제조업체도 있지만 그 정의는 명확하지 않습니다. 왜냐하면 히터는 모두 어느 정도의 원적외선을 방출하고 있기 때문입니다.

제습기와 가습기

제습기는 방안에 빨래를 널 때나 겨울철 결로 대책에 유용합니다. 제습기와 반대의 동작을 하는 것이 가습기입니다.

밀폐도가 높은 현대의 주거 환경에서는 제습기가 크게 활약합니다. 실제로 사용해보면 물이 고이는데 어떻게 공기에서 물로 만드는 것일까요?

가정용으로 시판되는 제습기에는 두 종류가 있습니다. 바로 **컴프레서 방식**과 **데시칸트 방식**입니다. 또 이 둘을 조합한 방식도 있습니다.

컴프레서 방식의 제습기는 에어컨의 냉방 기능과 똑같은 원리를 사용하는데, 에어컨의 실내기와 실외기를 콤팩트하게 만든 구조로 되어 있습니다. 공기를 식히면 이슬이 맺히는데 이렇게 맺힌 이슬을 꺼내서 배출하여 제습을 하는 것입니다. 에어컨을 가동하면 냉방과 동시에 제습도 해준다는 것은 다 알고 있는 사실입니다.

데시칸트 방식의 데시칸트(desiccant)는 '건조제'라는 뜻으로, 이 방식에서는 실제로 건조제를 사용합니다. 건조제로 빨아들인 공기 중의 수분은 히터로 가열되어 건조제에서 떨어져 나가는데, 이를 열교환기를 사용하여 실온으로 식혀 이슬이 맺히게 하여 배출합니다.

||| 컴프레서 방식과 데시칸트 방식 |||

현재 시판되는 제습기는 컴프레서 방식과 데시칸트 방식 두 종류가 있습니다(둘을 조합한 것도 있음). 각각의 구조를 살펴봅시다.

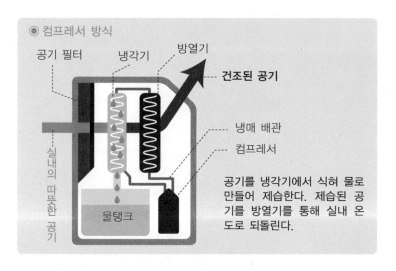

◉ 컴프레서 방식

공기 필터　냉각기　방열기

건조된 공기

냉매 배관

컴프레서

공기를 냉각기에서 식혀 물로 만들어 제습한다. 제습된 공기를 방열기를 통해 실내 온도로 되돌린다.

실내의 따뜻한 공기

물탱크

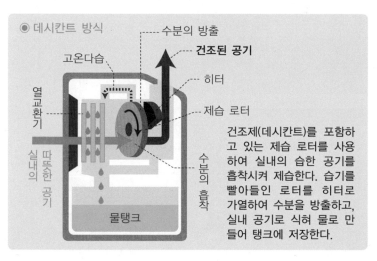

◉ 데시칸트 방식

수분의 방출

고온다습

건조된 공기

히터

제습 로터

열교환기

수분의 흡착

건조제(데시칸트)를 포함하고 있는 제습 로터를 사용하여 실내의 습한 공기를 흡착시켜 제습한다. 습기를 빨아들인 로터를 히터로 가열하여 수분을 방출하고, 실내 공기로 식혀 물로 만들어 탱크에 저장한다.

실내의 따뜻한 공기

물탱크

가습기의 가습 방식은 크게 초음파식, 스팀식, 기화식으로 분류됩니다.
각각의 특징을 살펴봅시다.

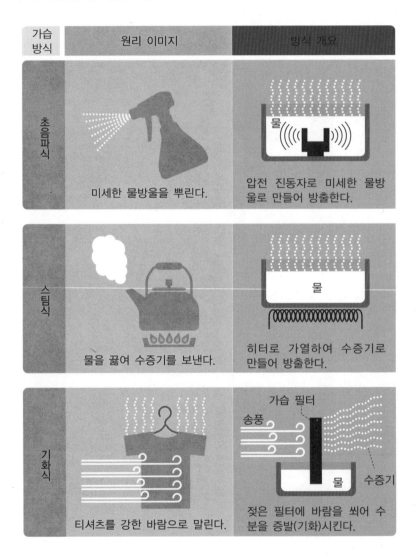

가습 방식	원리 이미지	방식 개요
초음파식	미세한 물방울을 뿌린다.	압전 진동자로 미세한 물방울로 만들어 방출한다.
스팀식	물을 끓여 수증기를 보낸다.	히터로 가열하여 수증기로 만들어 방출한다.
기화식	티셔츠를 강한 바람으로 말린다.	젖은 필터에 바람을 쐬어 수분을 증발(기화)시킨다.

　두 방식의 제습기는 모두 장단점이 있습니다. 컴프레서 방식은 제습 능력이 뛰어나 큰 방에도 사용할 수 있지만 기본 원리가 냉각이므로 방의 온도가 낮을 때는 제습 능력이 떨어집니다. 데시칸트 방식은 구조가 간단하기 때문에 가볍고 소음이 적으며, 건조제를 이용하므로 겨울에도 사용할 수 있지만 전기요금이 많이 나옵니다.

　구조에서 알 수 있듯이 두 방식 모두 결과적으로 실온을 높입니다. 특히 데시칸트 방식은 히터를 이용하여 방을 데우기 때문에 겨울에는 좋지만 여름에는 곤란합니다. 따라서 여름철의 습기 제거에는 에어컨을 사용하는 것이 가장 좋습니다.

　한편 제습기와 반대로 동작하는 것이 가습기입니다. 겨울에 온풍기로 난방을 하면 공기가 건조해지므로 가습기를 사용하면 감기 예방에도 효과가 있습니다. 가습기의 방식으로는 70쪽에 소개한 세 가지가 대표적입니다. 옛날에는 초음파 방식이 인기였지만 물 입자가 큰 탓에 최근에는 스팀 방식이나 기화 방식이 더 인기 있습니다. 이 방식은 실온을 내리지 않고 습도를 올릴 수 있습니다.

FM · AM 방송

라디오 방송에는 FM 방송과 AM 방송이 있는데, FM의 음질이 더 좋은 것은 왜일까요?

오늘날의 방송은 디지털이 주류이지만 아날로그가 활약하고 있는 곳도 있습니다. 바로 라디오 방송입니다. 재해 시에 영향을 덜 받는데다 젊은 심야족에게도 인기가 많습니다.

라디오 방송에는 FM 방송과 AM 방송이 있는데, 둘은 어떻게 다를까요? 가장 큰 차이는 다음 세 가지입니다.

첫 번째 차이는 **변조 방식**입니다. 음성은 물리적으로 말하자면 음의 물결(음파)인데, 이 상태로는 방송 전파로 변환할 수 없습니다. 왜냐하면 음파의 주파수가 전파의 주파수에 비해 너무 작기 때문입니다. 그래서 음파를 전파로 변환하는 것이 아니라 서핑처럼 전파 위에 실어서 방송합니다. 이를 **변조**라고 합니다. 싣는 전파를 **반송파**(carrier signal)라고 하는데, AM과 FM은 변조 방식을 나타내는 이름입니다.

AM은 **진폭 변조**, FM은 **주파수 변조**의 약칭으로, 이름 그대로 AM은 음파를 '반송파의 진폭의 변화'로 표현하고, FM은 음파를 '반송파의 주파수의 변화'로 표현합니다. 잡음 전파는 주로 전파의 진폭에 영향을 주기 때문에 AM 전파는 잡음의 영향을 그대로 받습니다. 그래서 잡음 전파의 영향을 받지 않는 FM 방송의 음질이 더 좋은 것입니다.

||| FM과 AM의 변조 방식　|||

FM과 AM은 반송파, 즉 전파에 음파를 싣는 방식이 다릅니다. FM은 주파수 변조, AM은 진폭 변조를 사용합니다.

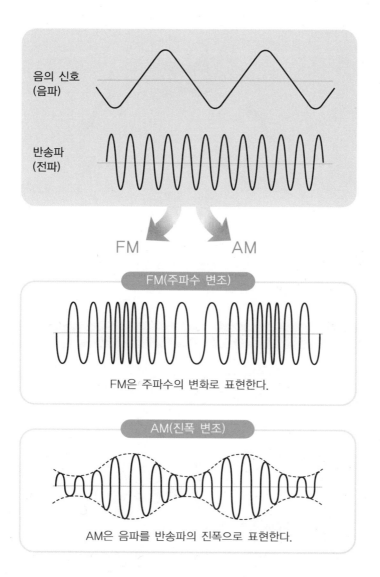

음의 신호
(음파)

반송파
(전파)

FM　　　　AM

FM(주파수 변조)

FM은 주파수의 변화로 표현한다.

AM(진폭 변조)

AM은 음파를 반송파의 진폭으로 표현한다.

⫴ 반송파의 역할

음성은 전파에 비해 저주파이기 때문에 다루기 쉬운 고주파인 전파에 싣습니다. 이 전파를 반송파라고 하는데, 음성을 사람이라고 한다면 반송파는 사람을 실어 나르는 페리라고 할 수 있습니다.

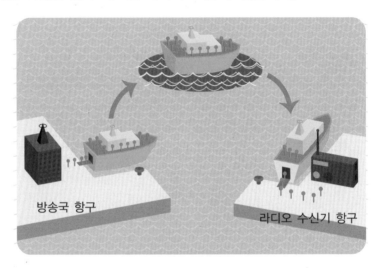

⫴ FM 방송의 원리

방송국은 오른쪽과 왼쪽의 음성을 합친 신호(주신호)와 뺀 신호(부신호)를 만들고, 부신호에 '슬리퍼'를 신겨 주신호와 섞이지 않도록 합니다. 이렇게 하여 구별이 가능한 두 가지 신호를 하나의 전파에 싣는 것입니다.

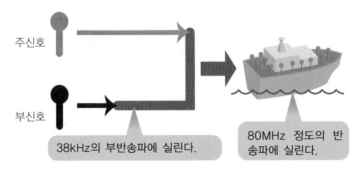

주신호

부신호

38kHz의 부반송파에 실린다.

80MHz 정도의 반송파에 실린다.

두 번째 차이는 **채널의 폭**으로, FM 방송이 AM 방송보다 더 넓게 설정되어 있습니다. 방송 정보를 물에 비유한다면 채널은 그 물을 보내는 파이프에 비유할 수 있습니다. 이 비유로 설명하면 FM 방송이 AM 방송보다 파이프가 더 굵은 것입니다. 그래서 FM 방송이 AM 방송보다 원음을 더 충실하게 재현할 수 있습니다.

세 번째 차이는 일부를 제외하고 현재의 FM 방송은 **스테레오 방송**, AM 방송은 **모노 방송**이라는 점입니다. FM 방송이 더 현장감 있게 소리를 전달할 수 있는 이유는 바로 이 때문입니다.

스테레오 방송은 좌우의 음성을 **주신호**와 **부신호**로 나누고, 부신호는 **부반송파**에 싣고 나서 다시 반송파에 싣습니다. 주신호는 객실에, 부신호는 차에 실어 이를 모아 페리(반송파)에 실어 보내는 것과 같은 식입니다. 이와 같이 해서 좌우의 음성을 혼선시키지 않고 방송할 수 있는 것입니다.

Technology 017

전자체온계

병원이나 가정에서도 전자식 체온계를 사용하는 경우가 많습니다. 왜냐하면 안전하고 빠르기 때문입니다. 귀에 넣는 체온계도 많이 보급되고 있습니다.

요즘은 사용하는 사람이 별로 없지만 옛날에는 체온계라고 하면 **수은체온계**였습니다. 수은체온계는 수은의 열팽창 성질을 이용하여 체온을 잽니다.

하지만 왜 수은을 사용할까요? 이유는 표면 장력이 세기 때문입니다. 수은구(수은 덩어리)와 모세관은 매우 가는 관으로 연결되어 있습니다. 이것을 **유점**(留点)이라고 하는데, 이 점을 통해 모세관으로 나온 수은은 강한 표면 장력 때문에 원래의 수은구로 되돌아갈 수 없습니다. 그래서 체온을 측정한 후에도 표시 온도가 변하지 않는 것입니다. 참고로 온도 표시를 원래대로 되돌리려면 온도계를 흔들거나 돌리는 등 강제로 힘을 가해야 합니다.

수은체온계의 단점은 사용하는 수은이 유해한 물질이라는 점과 깨지기 쉽다는 점, 그리고 측정 시간이 10분이나 걸린다는 점입니다. 어린 아이나 환자가 10분 동안 가만히 있는 일은 쉽지 않습니다.

그래서 나온 것이 바로 **전자체온계**입니다. 전자체온계는 온도에 따라 전기저항이 크게 바뀌는 **서미스터**(thermistor)를 온도 센서로 이용합니다. 저항을 측정하면 온도를 알 수 있기 때문입니다. 또한 서미스터는 깨져도 유해하지 않습니다.

||| 수은체온계의 원리 |||

수은구와 모세관을 연결하는 곳에 '유점'이라는 부분이 있어 한번 모세관으로 나온 수은은 되돌아갈 수 없습니다. 그래서 온도 표시가 계속 유지됩니다. 수은을 수은구로 되돌리려면 여러 번 강하게 흔들어야 합니다.

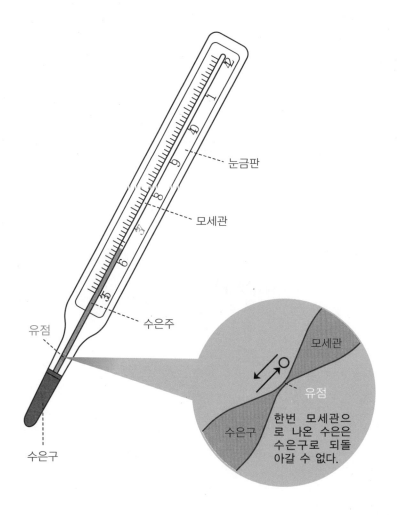

눈금판

모세관

수은주

유점

수은구

모세관

유점

한번 모세관으로 나온 수은은 수은구로 되돌아갈 수 없다.

수은구

||| 전자체온계의 구조 |||

서미스터를 온도 센서로 이용하며, 체온의 변화를 전기저항의 변화로 감지합니다.

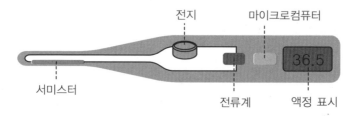

||| 예측 기능으로 측정 시간을 단축 |||

전자체온계는 15~20초 정도면 체온을 잴 수 있는데, 이는 10분 후의 체온(평균 온도)을 예측하기 때문입니다.

겨드랑이 아래의 온도 변화 모델

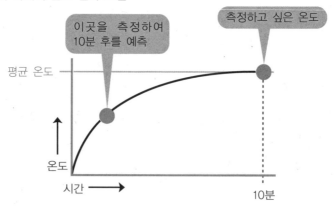

대부분의 전자체온계에는 예측 기능이 있습니다. 15~20초 정도 측정하면 그 온도의 상승 곡선으로부터 마이크로컴퓨터가 실제 체온을 예측하는 기능입니다. 덕분에 수은체온계처럼 오랜 시간 가만히 있을 필요가 없습니다.

귀에 넣는 체온계도 인기가 많습니다. 이것도 전자체온계의 일종으로, 고막과 그 주변에서 나오는 적외선을 측정합니다. 장점은 몇 초 만에 측정할 수 있다는 점인데, 접촉하지 않아도 순식간에 측정할 수 있는 **서모파일**을 온도 센서로 사용하고 있습니다.

귀에 넣는 체온계는 본체 탐침(probe)을 귀에 꽂아 사용합니다. 고막 근처는 외기의 영향을 크게 받지 않아 체내의 안정된 온도를 나타낸다고 합니다. 하지만 귀에 삽입하는 방향과 깊이 등의 조건에 따라 측정값이 들쭉날쭉할 수 있는 만큼 측정 시에는 센서가 고막에서 나오는 적외선을 제대로 감지할 수 있도록 귀를 잡아 당겨 외이도를 일직선으로 만드는 것이 중요합니다.

체지방계

건강에 대한 관심이 높아지면서 많은 가정에서 체지방계를 사용하고 있습니다. 체지방계는 체지방을 어떻게 측정하는 걸까요?

　신문이나 잡지의 광고란을 보면 체지방이니 대사증후군이니 하는 기사를 많이 볼 수 있습니다. 건강에 대한 관심이 높아지면서 그런 제목에 이끌려 신문이나 잡지를 구입하는 사람이 적지 않습니다. 덩달아 체지방을 측정하는 **체지방계**도 인기가 급증하고 있습니다.

　체지방계는 몸에 있는 지방의 양을 **체지방률**로 표시해 주는 기구입니다. 체지방률이란 전체 체중에서 지방이 차지하는 비율을 퍼센트로 나타낸 것입니다.

　체지방률은 보통 BIA법(생체 임피던스 측정법)이라 부르는 방법으로 측정합니다. 체내에 미약한 전류를 흘려보내 전기저항을 측정하여 지방의 비율을 산출하는 방법입니다. 근육은 수분을 많이 함유하고 있기 때문에 전기가 쉽게 통과하고, 수분을 포함하지 않는 지방은 전기를 통과하지 않는 성질이 있습니다. 따라서 동일 성별, 동일 체형이라면 저항값이 높을수록 체지방률이 높아집니다. 이 성질을 이용해서 체지방률을 측정하는 것입니다.

‖‖ 체지방계의 측정 방법 ‖‖

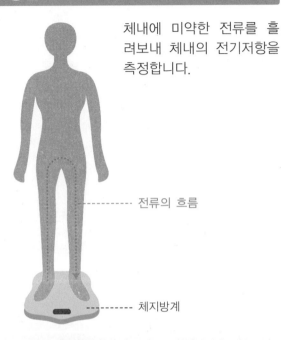

체내에 미약한 전류를 흘려보내 체내의 전기저항을 측정합니다.

-------- 전류의 흐름

-------- 체지방계

‖‖ 체지방계의 원리 ‖‖

지방세포가 많은 부분에서는 전기저항이 크고, 근육세포(근세포)가 많은 부분에서는 전기저항이 작습니다. 따라서 동일한 조건의 경우 저항이 크면 클수록 체내 지방이 많다는 뜻이 됩니다.

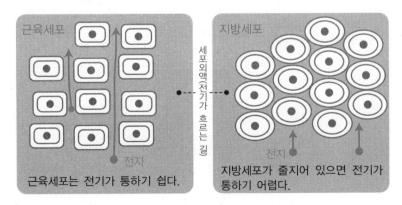

근육세포

세포외액(전기가 흐르는 길)

전자

근육세포는 전기가 통하기 쉽다.

지방세포

전자

지방세포가 줄지어 있으면 전기가 통하기 어렵다.

||| 체지방률의 일일 변동

체지방량은 아침과 밤에 크게 다르지 않습니다. 하지만 전기저항은 취침 중에는 상승하고 활동 중에는 저하하는 성질이 있습니다. 더욱이 음식물의 섭취나 운동, 입욕에 따른 변동도 복합적으로 작용합니다.

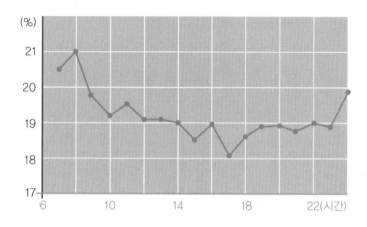

||| 체지방률 산출 방법

다양한 데이터를 토대로 체지방률과 전기저항값 사이의 관계를 공식으로 작성해 둡니다. 이 공식으로부터 체지방률을 산출합니다.

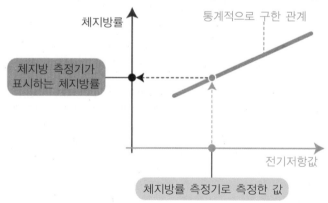

그렇다면 구체적으로 체지방률은 어떻게 산출하는 것일까요? 체지방률은 다양한 나이, 키, 몸무게를 가진 사람들의 실제 체지방률과 전기저항값 데이터를 취득하여 전기저항값과 체지방률의 관계를 통계적으로 공식화해 둡니다. 이 공식을 체지방계에 기억시켜 두고 측정한 전기저항값으로부터 체지방률을 구하는 것입니다.

똑같은 체지방계를 사용해도 측정할 때마다 수치가 다른 경우가 있습니다. 체지방량은 하루 동안 크게 바뀌지 않음에도 이런 변화가 일어나는 이유는 생체의 전기저항값에는 자고 있는 동안에는 상승하고, 일어나서 활동할 때는 저하하는 성질이 있기 때문입니다. 식사나 물의 섭취, 운동, 목욕 등과 같은 요인으로 생체의 수분량이 변동하여 전기저항값이 바뀌기 때문입니다. 따라서 심신이 안정된 정해진 시간대에 측정을 하는 것이 바람직합니다. 그렇지 않으면 측정값에 휘둘려서 일희일비하는 일이 생깁니다.

모두 알고 있듯이 과도하게 축적된 체기방은 생활습관병이나 성인병을 유발합니다. 그러나 체지방은 체온 유지나 호르몬 균형의 조절과 같은 중요한 기능도 하고 있다는 점에 유의하기 바랍니다.

전자레인지와 IH 조리기

전자레인지는 수분이 없으면 사용할 수 없고, IH 조리기는 철이 없으면 사용할 수 없습니다. 그 이유를 살펴봅시다.

전자레인지와 IH 조리기는 둘 다 전기의 힘으로 조리한다는 점에서는 비슷하지만, 원리는 전혀 다릅니다.

먼저 전자레인지부터 살펴봅시다. 전자레인지는 영어로 'Microwave Oven'이라고 하는데, 영어 이름 그대로 전자레인지는 마이크로파를 발생시켜 식품을 가열합니다. 마이크로파란 파장이 0.1~100cm 정도인 전자파를 말합니다. 전자레인지는 파장이 12cm 정도인 마이크로파를 이용합니다. 전자파는 식품 안으로 들어가 식품에 포함되어 있는 물 분자를 회전시키는 성질이 있습니다. 물 분자끼리 흔들어 움직이게 하면 서로가 부딪혀 마찰열이 발생합니다. 이 마찰열로 식품을 가열하는 것입니다.

다음으로 IH 조리기를 살펴봅시다. IH 조리기로는 IH 전기밥솥, IH 쿠킹 히터 등 다양한 종류가 있는데, **IH**란 **유도가열**(Induction Heating)의 약자입니다. '유도'란 전기의 세계에서 유명한 전자유도로부터 나온 말로, 전자유도란 자기가 변동하면 전기가 발생한다는 자연법칙을 말합니다.

||| 전자레인지의 구조 |||

기본 구조는 마그네트론과 여기에 전기를 공급하는 고압 변압기로 되어 있습니다. 마그네트론에서 발생한 마이크로파가 식품 속의 물 분자를 가열합니다.

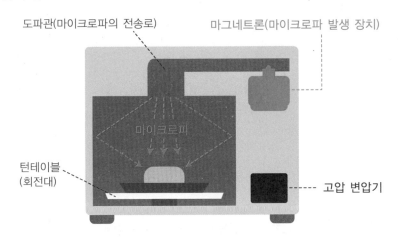

도파관(마이크로파의 전송로)

마그네트론(마이크로파 발생 장치)

마이크로파

턴테이블
(회전대)

고압 변압기

||| 마이크로파가 식품을 가열하는 원리 |||

전자레인지가 방출하는 마이크로파는 음식물 속의 물 분자와 공명하여 물 분자를 회전시킵니다. 회전하는 물 분자끼리 부딪혀 마찰열이 발생하는데, 이것이 발열의 원리입니다.

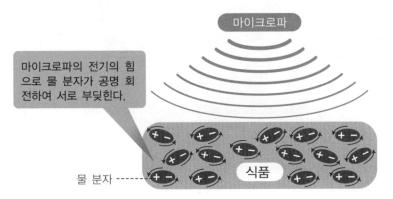

마이크로파

마이크로파의 전기의 힘으로 물 분자가 공명 회전하여 서로 부딪힌다.

식품

물 분자

85

⫿⫿⫿ IH 조리기의 원리 ⫿⫿⫿

코일이 만들어 내는 고주파 자기력이 철로 된 냄비 바닥에 흡수되어 와전류(소용돌이 전류)가 생겨납니다. 이 전류가 냄비 분자와 충돌하여 고열을 발생시킵니다. 냄비 자체가 가열되므로 에너지 낭비가 적고 조리 시간을 단축시킬 수 있습니다.

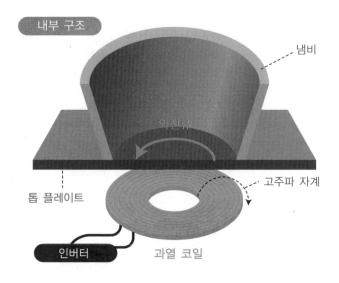

내부 구조

냄비

와선류

톱 플레이트

고주파 자계

인버터

과열 코일

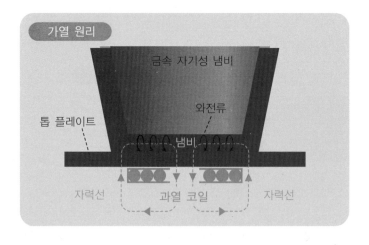

가열 원리

금속 자기성 냄비

톱 플레이트

와전류

냄비

자력선

과열 코일

자력선

그럼 유도가열로 조리를 하는 원리를 살펴봅시다. 장치는 코일과 고주파 전류 발생 장치로 되어 있습니다. 이 코일에 고주파(20~30킬로헤르츠) 전류를 흘려보내면 전자석의 원리로 자기가 만들어지는데, 이 자기를 철로 된 냄비나 솥이 흡수합니다. 철은 자기를 흡수하는 성질이 있기 때문입니다.

고주파 전류가 만들어 내는 자기는 크게 변동하기 때문에 전자유도가 일어납니다. 그러면 냄비나 솥의 바닥이나 벽면에서 유도전류가 발생하고, 이 전류가 열을 발생시킵니다. 유도전류가 열을 발생시키는 원리는 니크롬선 히터가 열을 발생시키는 원리와 똑같습니다.

이렇게 전자레인지와 IH 조리기는 전자파나 자기를 발생 및 흡수시켜 식품이나 용기 내부에 열을 발생시키는 조리기입니다. 따라서 외부에 열을 가해 식품을 조리하는 방법에 비해 조리 시간이 짧고 전기요금도 절약할 수 있습니다. 불을 직접 사용하지 않아 안전하므로 초고층 아파트에서 가스를 사용하지 않는 주거 생활을 실현하는 데 도움이 됩니다.

LED 조명

수명이 길고 전력소비가 적다는 이점 때문에
전구나 형광등을 LED 조명으로 교체하는 추세
입니다.

전기는 우리 생활에 크나큰 편의를 제공해 주는데, 그 대표적인 예가
바로 조명일 것입니다. 만일 대규모 정전이 일어난다면 사람들은 암흑 속
에서 그 소중함을 절실히 느낄 것입니다.

지금까지 전기 조명으로는 백열전구가 오랫동안 사용되어 왔습니다. 본
래 가정용 전기제품으로 가장 먼저 보급된 것이 바로 에디슨이 발명한 백
열전구입니다. 이후 에너지 낭비가 큰 백열전구를 대신해 **형광등**이 보급되
었지만 형광등 역시 백열전구만큼은 아니지만 에너지 소비는 큽니다.

이 문제를 해결하기 위해 등장한 것이 바로 **LED 조명**으로, LED(발광
다이오드)를 광원으로 한 조명기구를 통틀어 LED 조명이라고 합니다.
소비전력은 일반 백열전구의 약 10%, 형광등과 비교해도 약 30% 정도입
니다. 또한 수명이 약 4만 시간으로, 백열전구에 비해 몇십 배나 오래 갑
니다.

LED는 예전부터 다양한 제품에 사용되고 있었습니다. 예를 들어 CD
나 DVD, BD가 상품화된 것도 LED 덕분이며, 카 내비게이션이나 액정
패널 등의 백라이트에도 사용되고 있습니다.

||| 백열전구의 구조 |||

유리구 안의 필라멘트를 가열하여 그 열에서 나오는 빛으로 조명을 하는데, 전력의 대부분은 빛이 아니라 열에 쓰입니다.

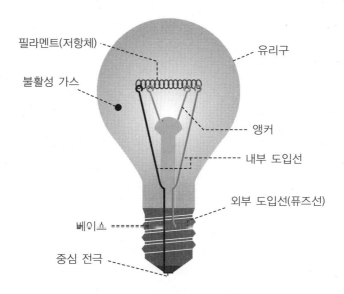

||| 형광등의 원리 |||

좌우의 필라멘트 전극에서 방전된 전자가 관 속의 수은 원자와 부딪혀 자외선을 발하는데, 이 자외선이 관에 칠해진 형광 물질에 닿아 가시광선을 방출합니다.

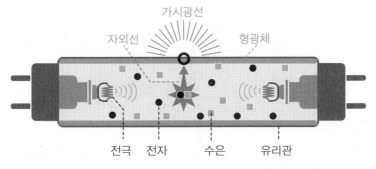

||| LED 조명의 구조

요즘 대세인 발광 다이오드를 사용한 LED 조명은 백열전구나 형광등보다 전력 소모가 적고 수명이 길며, 백열전구와 같은 필라멘트가 필요 없기 때문에 충격에도 강합니다.

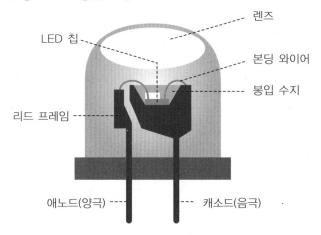

||| LED 소자의 원리

LED 조명은 LED 소자를 몇 가지 조합하여 만듭니다. LED의 주소자인 발광 다이오드는 두 종류의 반도체를 접합한 구조로 되어 있습니다. 한쪽은 양의 전기를 나르고 다른 한쪽은 음의 전기를 나릅니다. 양과 음의 전기가 경계면에서 충돌하여 소멸될 때 생기는 에너지가 빛을 내는 것입니다.

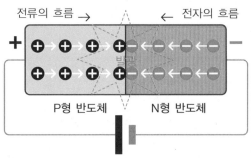

　지금에 와서야 LED가 조명으로 각광을 받게 된 이유는 밝기가 증대하고 충분한 조도를 얻을 수 있게 된 기술의 혁신 덕분입니다. 또한 파란색과 하얀색으로 된 LED가 저가로 공급되면서 자연의 빛을 재현할 수 있게 된 것도 한몫하고 있습니다.

　앞으로는 더 많은 조명에 LED를 사용하게 될 것입니다. 실제로 교차로의 신호등이나 자동차의 헤드라이트, 후미등도 LED로 대체되고 있습니다.

　그러면, 앞으로의 조명은 LED뿐인가 하면, 반드시 그렇지도 않습니다. 바로 **유기 EL 조명**이라는 강력한 경쟁자가 나타났기 때문입니다. 이 조명은 반딧불의 발광 원리를 전기적으로 실현한 것으로, LED 조명이 점으로 된 광원을 모아놓은 것이기 때문에 밝기가 고르지 못한 경우가 있는 반면, 유기 EL 조명은 면으로 빛을 내기 때문에 보다 부드러운 빛을 발합니다. 천장 한면이 모두 빛나는 미래지향적인 조명이 실현되는 것입니다.

평면 TV

보기에는 같아 보여도 평면 TV에는 두 종류의 방식이 있습니다. 바로 '액정 방식'과 'OLED 방식'입니다. 둘은 어떤 차이가 있을까요?

방송의 디지털화가 진행됨에 따라 평면 TV의 보급이 확대되고 있습니다. 얇고 콤팩트하며 디자인도 깔끔하여 방과 잘 조화됩니다.

평면 TV의 패널 앞면은 작은 격자 모양으로 나뉜 **화소**로 구성되어 있습니다. 평면 TV는 화소의 구조 차이에 따라 **'액정 TV'**와 **'유기 EL**(OLED) **TV'**로 나눌 수 있습니다.

액정 TV의 화소에는 액정이라 부르는 물질을 이용합니다. 액정이란 액체와 결정의 중간적인 성질을 갖고 있는 물질로, 현미경으로 보면 가늘고 길며 휘어지기 어려운 분자로 되어 있습니다. 1888년에 발견되었지만 그로부터 약 1세기가 지난 1963년이 되어서야 전기 자극에 대해 빛이 통과하는 방법이 바뀌는 성질이 발견되었습니다. 이것이 액정을 응용하는 계기가 된 것입니다. 그렇다면 액정을 이용하여 영상을 어떻게 표현하는 것일까요?

대표적인 **TN형**이라 부르는 화소의 구조를 살펴봅시다. TN형은 같은 방향으로 나열한 두 장의 편광판 사이에 액정을 끼우는데, 두 편광판의 방향이 직각이 되도록 교차시킵니다. 백라이트의 빛은 패널 뒷면에서 편광되어 액정으로 들어가는데, 가늘고 긴 분자의 행렬에 유도되어 편광 방향을 바꿔 패널 앞면의 편광판에서 차단되지 않고 나올 수 있습니다.

||| 액정의 분자 구조 |||

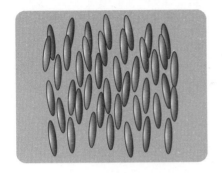

액정은 가늘고 길며 쉽게 휘어지지 않는 분자로 되어 있는데, 전압을 가하면 방향을 바꾸는 성질을 갖고 있습니다.

||| 액정 TV의 화소 구조 |||

화면은 격자 모양으로 구분된 화소로 구성되어 있습니다 아래의 예는 TN형의 구조로, 앞뒤 쌍으로 되어 있는 편광판의 편광 방향이 직각으로 되어 있습니다.

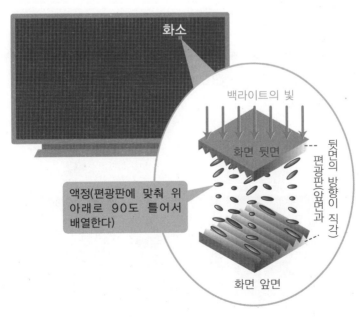

화소

백라이트의 빛

화면 뒷면

뒷면의 방향이
편광판(앞면과 직각)

액정(편광판에 맞춰 위 아래로 90도 틀어서 배열한다)

화면 앞면

||| 액정 TV의 화소 제어 |||

액정은 긴 분자의 방향에 맞춰 빛을 직각으로 비틀기 때문에 백라이트의 빛이 투과할 수 있습니다(오른쪽 아래). 하지만 전압을 가하면 비틀림이 없어지므로 백라이트의 빛은 투과할 수 없게 됩니다(왼쪽 아래).

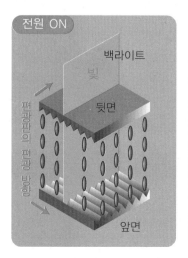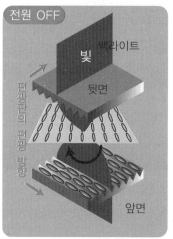

||| OLED TV의 화소 |||

OLED TV의 화소는 적녹청(RGB) 세 개의 OLED로 구성되며 극간에 전류를 흘려보내면 빛을 냅니다.

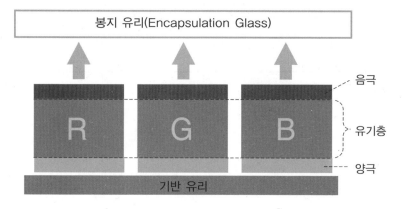

　화소에 전압을 가하면 액정은 뒤틀림을 되돌리는 성질이 있습니다. 뒷면에서 나온 빛은 편광을 바꾸지 않고 반대쪽 편광판에 의해 차단되어 버립니다. 이렇게 하여 전기의 온오프로 빛의 점멸을 제어하는 것입니다. 이것이 액정 TV의 원리입니다.

　다음으로 OLED TV를 살펴봅시다. OLED TV는 전류를 흘려보내면 빛이 나는 유기물(**유기 EL**)을 발광체로 이용하고 있습니다. 화소 스스로 빛을 내므로 필터를 통과하는 액정 TV에 비해 화소가 선명하고 구조도 간단합니다. 시판되는 OLED TV가 얇은 이유는 바로 이 때문입니다. 또한 원리적으로 에너지 낭비가 적어 전력 사용량도 줄일 수 있습니다.

　참고로 유기물이 빛을 낸다는 말이 이상하게 들릴지도 모르지만 반딧불을 떠올리면 이해가 될 것입니다. 개똥벌레(반딧불이)는 몸 안의 전기를 빛으로 바꾸고 있는 것입니다.

DVD와 Blu-ray

하이비전 화질을 그대로 저장할 수 있는 Blu-ray는 CD나 DVD와 어떻게 다를까요?

디지털 TV가 보급되면서 각 가정에서도 영화관과 비슷한 화질의 영상을 즐길 수 있게 되었습니다. 당연히 홈 비디오에도 고화질 영상에 대한 수요가 늘고 있습니다. 이를 가능하게 한 것이 바로 Blu-ray(약칭 BD)입니다. CD나 DVD와 똑같은 직경 12cm의 디스크이지만 기억 용량은 단순히 비교해도 DVD의 5배 이상 차이가 납니다. 이는 지상파 디지털 방송의 경우 단면 한 층에 3시간 이상의 방송을 녹화할 수 있는 용량입니다.

CD, DVD, BD를 통틀어 **광 디스크**라고 합니다. 기억 정보가 원반 모양의 **피트**(홈) 모양으로 표현되며, 이를 레이저 광선으로 읽어 들이는 원리가 똑같기 때문에 하나의 이름으로 묶어 사용하고 있습니다.

그러나 정보를 읽어 들이는 원리는 똑같지만 CD, DVD, BD는 각각 디스크상의 피트의 크기와 밀도에 차이가 있습니다. 디스크의 면적은 똑같아도 정보량이 많은 만큼 BD의 기록 밀도가 CD나 DVD보다 훨씬 높기 때문에 피트가 훨씬 작습니다.

||| 광 디스크의 읽기 쓰기 원리

CD, DVD, BD는 모두 광 디스크라고 하며, 읽고 쓰는 방법은 똑같습니다. 레이저 광선을 비춰 피트(홈)로부터 반사되는 차이를 정보로서 감지하여 읽어 들입니다.

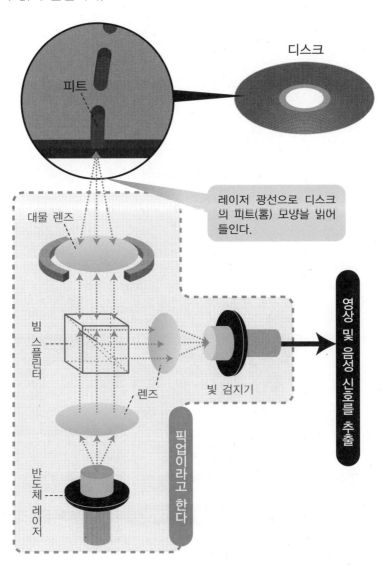

디스크

피트

레이저 광선으로 디스크의 피트(홈) 모양을 읽어 들인다.

대물 렌즈

빔 스플리터

렌즈

빛 검지기

영상 및 음성 신호를 추출

픽업이라고 한다

반도체 레이저

CD, DVD, BD는 모두 정보를 읽어 들이는 방식은 똑같지만, 피트의 크기와 밀도, 레이저 광선의 길이와 기록 위치가 다릅니다.

피트 밀도

CD의 피트 밀도는 낮은 반면, BD는 기억 용량이 큰 만큼 피트가 작고 밀도도 높다.

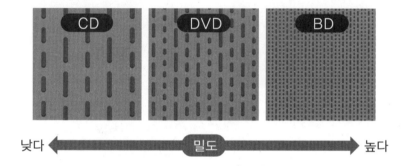

낮다 ◄━━━━━━━ 밀도 ━━━━━━━► 높다

레이저와 기록 위치

기록 밀도가 높은 BD에는 짧은 파장의 레이저를 이용합니다. 또한 기판이 휘는 것에 따른 영향을 줄이기 위해 BD는 정보 기록층이 기판의 표면 근처에 위치합니다.

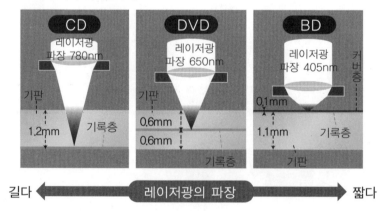

길다 ◄━━━━━━━ 레이저광의 파장 ━━━━━━━► 짧다

더욱이 디스크를 읽어 들이는 부분(**픽업**이라고 함)도 피트의 차이에 따라 구조에 차이가 있습니다. 작은 피트를 정확하게 읽어 들이려면 짧은 파장의 빛이 필요하기 때문입니다. 피트 모양이 성긴 CD는 파장이 긴 빨간색 레이저로 읽어 들일 수 있지만, 모양이 작고 촘촘한 BD는 파장이 짧은 청자색 레이저가 아니면 읽어 들일 수 없습니다.

또한 BD의 경우 촘촘한 피트 모양을 읽어 들일 정밀도를 높이기 위해 읽어 들이는 면이 디스크 표면 가까이에 있습니다. 이렇게 해서 디스크가 휘어져서 발생하는 읽기 오차를 최소화합니다. CD는 디스크의 뒷면에, DVD는 앞뒷면의 중간 면에 피트 모양이 새겨집니다.

참고로 이름이 'Blue-ray'가 아니라 'Blu-ray'인 이유는 Blue-ray는 영어권에서 '청색광'을 뜻하는 일반 명사로 해석되기 때문에 상표 등록을 인정받지 못할 가능성이 있었기 때문이라고 합니다.

플래시 메모리

'작고 빠르고 대용량'의 삼박자를 갖춘 기억장치 플래시 메모리. 최근에는 하드디스크를 대체할 SSD(보조기억장치)로도 상품화되어 있습니다.

    컴퓨터에서 사용하는 USB 메모리, 디지털카메라나 비디오카메라의 영상 기록에 이용하는 SD 카드나 메모리 스틱에는 **플래시 메모리**가 사용되고 있습니다. 작고 가벼우며 빠르고 용량이 커서 상당히 편리합니다.

    플래시 메모리는 반도체로 만들어진 기억장치입니다. 하드디스크가 자기로, CD가 표면의 요철로 정보를 기록하는 것과는 다릅니다. 반도체로 되어 있기 때문에 고속 처리와 극소형화가 가능합니다.

    플래시 메모리의 구조를 살펴보면 플래시 메모리의 1비트에는 소스, 드레인, 게이트라는 세 개의 전극을 가지고 있는 하나의 셀이 대응합니다. 이 셀 구조를 **CMOS형**이라고 하는데, 이는 다른 대부분의 LSI와 똑같습니다. 하지만 플래시 메모리의 특징은 여기에 **부유 게이트**라는 작은 방이 들어 있다는 점입니다.

⫿⫿⫿ 일반 메모리와 플래시 메모리 ⫿⫿⫿

일반 메모리(DRAM)에 부유 게이트라는 독립된 게이트를 추가한 것이
플래시 메모리로, 구조가 단순하기 때문에 제조과정이 단순합니다.

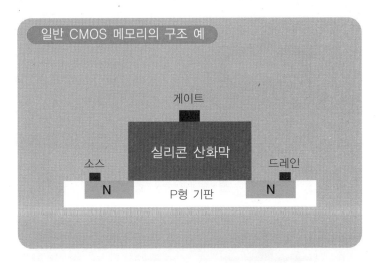

일반 CMOS 메모리의 구조 예

게이트

실리콘 산화막

소스　　드레인

N　　P형 기판　　N

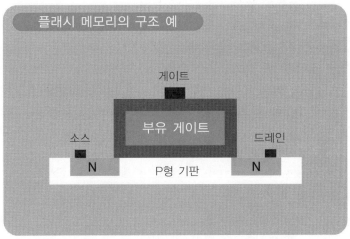

플래시 메모리의 구조 예

게이트

부유 게이트

소스　　드레인

N　　P형 기판　　N

||| 플래시 메모리의 읽기 쓰기 원리 |||

플래시 메모리는 부유 게이트라는 작은 방을 이용하여 데이터를 읽고 씁니다.

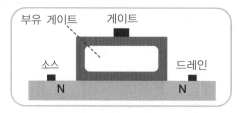

1 초기 상태

부유 게이트에 전자가 없다. 이 상태가 비트 '1'을 나타낸다. 이는 일반 CMOS와 똑같은 형태다.

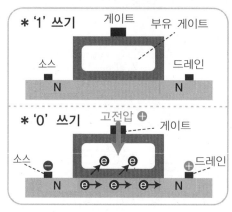

2 쓰기

비트 '1'을 쓸 때는 **1**의 상태를 그대로 둔다. 비트 '0'을 쓸 때는 게이트에 고전압을 가해 소스와 드레인 사이에 전자를 흘려보내고 그 일부를 부유 게이트로 유도한다.

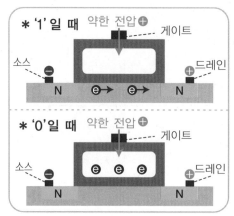

3 읽기

게이트에 낮은 전압을 가하고 소스와 드레인 사이에도 전압을 가한다. 부유 게이트에 전자가 없으면 일반 CMOS와 똑같으므로 전자가 흐른다. 이것을 '1'로 보고 읽어 들인다. 부유 게이트에 전자가 있으면 게이트 전압이 소멸되어 전자가 흐르지 않는다. 이것을 '0'으로 읽어 들인다.

그럼 플래시 메모리의 읽기 쓰기 동작을 살펴봅시다. 먼저 데이터를 쓸 때 비트 '1'은 초기 상태, 즉 부유 게이트에 전자가 존재하지 않은 상태와 대응시킵니다. 비트 '0'을 쓸 때는 소스와 드레인에 전압을 인가하고, 게이트에 고전압을 걸어 대량의 전자를 흘려보냅니다. 이 전류의 일부를 부유 게이트로 유도, 축적하여 '0'을 표현합니다. 역전압을 걸면 다시 '1'로 되돌아옵니다.

계속해서 데이터를 읽어 들이는 방법을 살펴봅시다. 데이터를 읽어 들일 때는 게이트에 낮은 전압을 걸고 소스와 드레인 사이에도 전압을 겁니다. 부유 게이트에 전자가 없으면 일반 CMOS와 똑같으므로 전자가 흐릅니다. 부유 게이트에 전자가 있으면 약한 게이트 전압은 소멸되어 전자가 흐르지 않습니다. 이렇게 전류의 유무로 데이터의 '1'과 '0'을 읽어 들일 수 있는 것입니다. 이와 같이 플래시 메모리는 부유 게이트를 능수능란하게 이용하여 데이터의 읽기 쓰기를 실행하는 것입니다.

참고로, 이 메모리는 일본의 마쓰오카 후시오(Masuoka Fujio)가 발명했습니다.

사이클론 청소기

진공청소기는 흡입력이 떨어지는 문제 때문에 종이 필터가 필요한데, 이러한 상식을 뒤엎은 것이 바로 '원심력'을 이용한 사이클론 청소기입니다.

다이슨이 1998년에 처음 발매한 사이클론 청소기는 종이 필터를 사용하지 않아 필터 막힘이 없고 먼지를 빨아들이는 데 필요한 '흡입력'이 떨어지지 않는다는 점과 종이 필터와 같은 '필터 교환'이 필요 없다는 점이 세일즈 포인트였습니다.

사이클론 청소기가 먼지를 빨아들이는 원리는 먼지와 함께 빨아들인 공기를 용기 안에서 강하게 회전시켜 빠른 소용돌이를 만드는 데 있습니다. 이 소용돌이 모양의 바람으로 **원심력**을 만들어 먼지를 분리시킵니다.

원심력이란 물체가 회전 운동을 할 때 생기는 힘입니다. 예를 들어 놀이동산의 제트코스터는 곡선 주로에서 몸이 바깥쪽으로 밀리는 힘을 받는데, 이것이 원심력입니다.

원심력은 물체가 무거울수록 더 크게 작용합니다. 먼지와 공기의 경우 먼지가 더 무겁기 때문에 공기와 같이 빨려 들어가고 회전된 먼지는 원심력에 의해 공기보다 바깥쪽으로 밀려 벽면에 부딪혀 벽면을 따라 떨어집니다. 바로 이런 식으로 먼지가 분리되는 것입니다.

이러한 원리에서 알 수 있듯이 사이클론 청소기는 빠른 소용돌이를 만들어야 합니다. 이 과정에서 소음을 발생시키기 때문에 사이클론 청소기는 필터 방식 청소기보다 더 시끄럽습니다.

||| 원심력의 원리 |||

원심력은 물체가 돌 때 바깥쪽으로 힘이 가해지는 힘을 말합니다.

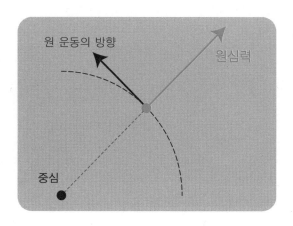

||| 사이클론 청소기의 구조 |||

공기와 함께 빨려 들어간 먼지는 원뿔 안에서 소용돌이를 타고, 원심력에 의해 바깥쪽 벽으로 날아갑니다. 이 원리로 먼지가 분리되는 것입니다.

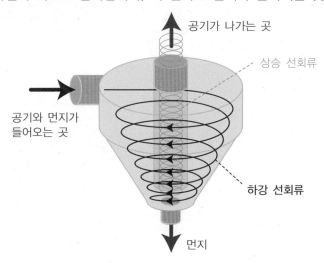

바닷물의 간만은 중력에 의해서만 일어나는 것이 아니라, 원심력도 중요한 역할을 하고 있습니다.

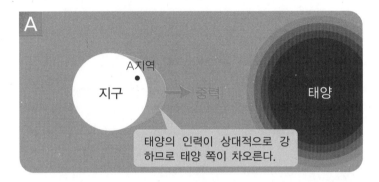

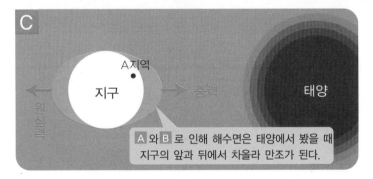

우리 주변에는 원심력을 이용한 것이 많이 있습니다. 예를 들어 빨래를 할 때 이용하는 탈수기는 젖은 빨래를 빠르게 회전시켜 원심력으로 물을 짜 내는 것입니다.

원심력은 자연계에서도 중요한 역할을 합니다. 예를 들어 '조수간만의 차이'를 설명할 때 원심력은 빠질 수 없습니다. 이 현상을 이해하기 위해 달을 제외하고 지구가 태양을 공전하는 단순한 모델을 생각해 봅시다.

지구가 자전하여 서울이 태양에서 가까운 위치에 왔다고 합시다. 그러면 인천항의 바닷물은 태양의 인력에 이끌려 수위가 높아지고 만조가 됩니다. 재미있는 것은 이때 서울과 지구 반대편에 있는 곳에서도 만조가 일어난다는 점입니다. 태양으로부터 먼 위치에 있는 바닷물은 그만큼 강력한 원심력을 받아 태양으로부터 멀어지려고 하기 때문에 수위가 올라가는 것입니다.

실제로는 달의 인력이 더해지므로 조수간만이 일어나는 원리는 상당히 복잡하시만, 원심력의 중요성은 충분히 이해됐으리라 봅니다.

에어컨

에어컨은 난방 시에는 소비전력 이상의 열을 방출하고, 냉방 시에는 소비전력 이상의 냉방 효과를 발휘합니다. 그 이유가 무엇일까요?

별 신경 쓰지 않고 사용하는 에어컨에는 신기한 점이 많습니다. 전열기구가 없는데도 어떻게 난방을 할 수 있는 걸까요? 또 설명서에는 1킬로와트의 전기요금으로 5킬로와트의 냉난방을 할 수 있다고 적혀 있습니다. 즉, 소비전력보다 냉난방 능력이 더 크다는 말입니다.

이 비밀을 풀기 위해 먼저 에어컨이 온도를 낮추는 원리를 살펴봅시다. 에어컨의 원리는 대단히 간단합니다. 물을 피부에 바르고 '후' 하고 불면 시원함을 느끼는 것과 똑같은 원리입니다. 물이 액체에서 기체로 바뀔 때는 **기화열**을 빼앗아 주위의 온도를 낮추는 원리를 이용하고 있습니다. 에어컨에서 이 물의 역할을 하는 것을 **냉매**라고 합니다.

그렇다면 실제로 냉방을 하는 원리를 살펴봅시다. 에어컨은 압축기(즉, 펌프)와 두 개의 열교환기로 이루어져 있습니다. 열교환기는 **응축기**와 **증발기**로 되어 있는데 원리는 똑같습니다. 냉방 시에는 실내기 안의 '증발기'에 의해 냉매가 증발되어 기화열을 빼앗아 실내 온도를 낮춥니다. 기체로 바뀐 냉매는 펌프의 힘에 의해 '응축기'로 보내져, 실내에서 빼앗은 열을 방출하면서 액체로 바뀝니다. 이 과정을 반복하여 '냉방'을 하는 것입니다.

||| 에어컨의 냉난방 능력 |||

에어컨 설명서를 보면 소비전력 이상으로 냉난방 능력이 높다는 것을
알 수 있습니다.

냉난방 능력 일례			
	방의 크기	능력(kW)	소비전력(W)
난방	10~13m²	2.8 (0.7~5.5)	535 (95~1500)
냉방	11~17m²	2.5 (0.9~3.5)	535 (130~870)

||| 냉방의 원리는 '기화열' |||

기화열

물

물체가 액체에서 기
체로 바뀔 때는 주위
의 열을 빼앗습니다.
이를 '기화열'이라고
하는데, 에어컨의 냉
방도 이 원리를 사용
하고 있습니다.

'냉방' 시에는 증발기 안에서 냉매가 증발하여 주위의 열을 빼앗아 기체가 됩니다. 기체가 된 냉매는 압축기의 힘으로 응축기로 보내져 열을 발산시켜 액체가 됩니다. 이 과정을 반복하여 에어컨은 실내의 공기를 차게 만듭니다. 펌프를 반대로 돌리면 장치의 기능이 반대로 '난방'으로 전환됩니다.

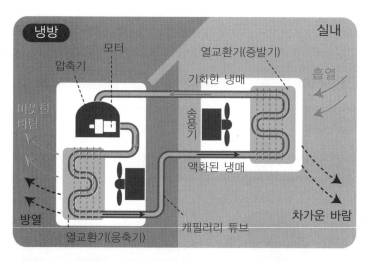

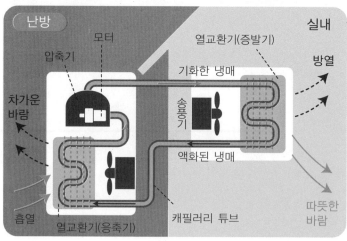

여기서 주목해야 할 것은 펌프는 실내의 열을 실외로 보내기만 한다는 점입니다. 따라서 전력이 많이 필요하지 않으므로 소비전력 이상으로 방의 공기가 차가워지는 것입니다.

다음은 난방의 원리를 살펴봅시다. 냉방 시의 에어컨을 반대로 돌리면 냉방 시와는 반대로 펌프가 실외의 열을 실내로 보냅니다. 이것이 난방의 원리입니다. 전열기가 필요 없고, 냉방 시와 마찬가지로 열을 나르기만 할 뿐이므로 소비전력 이상으로 난방 효과를 얻을 수 있는 것입니다.

이상과 같이 펌프는 냉매를 사이에 두고 실내에서 실외로, 또 실외에서 실내로 열을 나르는 역할을 합니다. 수조의 물을 펌프로 순환시키는 것과 비슷하다고 해서 히트펌프 원리라고 합니다. **히트펌프** 덕분에 에어컨은 효율적인 절전형 공조기가 된 것입니다.

디지털카메라

디지털카메라의 심장에 해당하는 것은 바로 이미지 센서(촬상 소자)입니다. 요즘은 CCD 센서에서 CMOS 센서로 옮겨가고 있는 추세입니다.

일명 디카라고 불리는 **디지털카메라**는 영상을 메모리 카드에 기록하는 카메라입니다. 찍은 사진을 바로 모니터로 확인할 수 있으며, 컴퓨터로 옮기면 전문가처럼 가공할 수도 있고, 필요 없는 사진은 삭제할 수도 있습니다. 디지털카메라가 기존의 필름 카메라를 제치고 압도적으로 인기를 끈 것은 이러한 특징 때문입니다.

디지털카메라는 렌즈와 이미지 센서, 메모리 카드, 그리고 이것들을 제어하는 시스템 LSI로 구성되어 있습니다. 그중에서 기존 카메라의 필름에 해당하는 것이 바로 렌즈에 의해 결상된 이미지를 전기신호로 변환하는 **이미지 센서**입니다. 이 센서 덕분에 빛 정보를 전기 정보로 바꿀 수 있게 된 것입니다.

이미지 센서는 작은 격자로 구분되어 있는데, 한 구획을 **화소**라고 합니다. 똑같은 크기의 이미지 센서라면 화소 수가 많을수록 해상도가 높습니다. 화소에서 빛을 받는 역할은 **컬러 필터**와 **광 센서**가 담당합니다. 컬러 필터는 빛을 삼원색으로 분해하고, 광 센서는 **포토다이오드**로 되어 있어서 빛을 전자로 변환합니다. 이 전자를 전기신호로 바꿔서 메모리로 보내는 것입니다.

||| 디지털카메라의 원리 |||

기존의 필름에 해당하는 것이 이미지 센서로, 빛 정보를 전기신호로 변환하여 메모리나 모니터로 보냅니다.

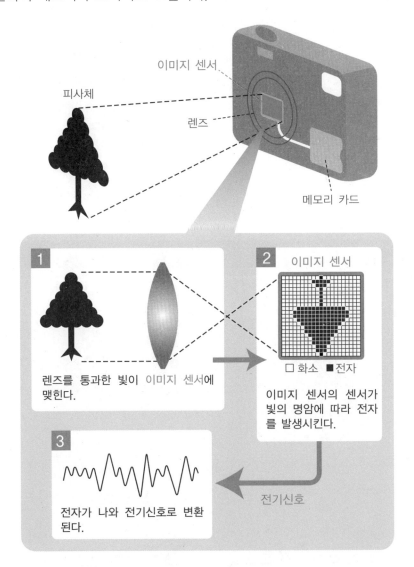

이미지 센서

피사체

렌즈

메모리 카드

1 렌즈를 통과한 빛이 이미지 센서에 맺힌다.

2 이미지 센서

□ 화소 ■ 전자

이미지 센서의 센서가 빛의 명암에 따라 전자를 발생시킨다.

3 전자가 나와 전기신호로 변환된다.

전기신호

||| 화소의 구조 |||

화소의 수광부에는 컬러 필터와 광 센서가 있는데, 전자는 빛을 삼원색
으로 분해하고 후자는 빛을 전자로 변환합니다.

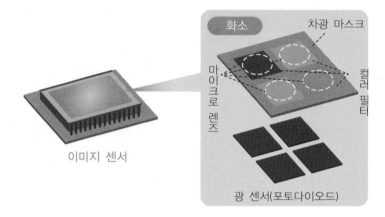

이미지 센서

화소

차광 마스크

마이크로 렌즈

컬러 필터

광 센서(포토다이오드)

||| CCD형과 CMOS형 |||

이미지를 격자무늬로 나눴을 때 하나하나의 구획을 화소라고 합니다.
이 화소에서 빛이 전자로 변환되는데, 전자를 검출하는 방식에 따라
CCD형과 CMOS형으로 분류합니다.

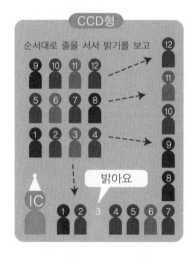

CCD형

순서대로 줄을 서서 밝기를 보고

밝아요

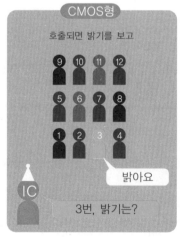

CMOS형

호출되면 밝기를 보고

밝아요

3번, 밝기는?

이미지 센서는 전기신호를 변환하는 방법에 따라 크게 두 종류로 나뉩니다. 바로 **CCD형**과 **CMOS형**입니다. 둘의 차이를 화소가 정렬되어 있는 책상으로 비유해서 책상에 닿는 빛의 양(즉, 전자의 양)을 옆에 앉아 있는 측정 담당자가 보고하는 모습으로 설명하겠습니다.

CCD형은 각 화소의 측정 담당자가 앉은 순서대로 일어나 줄을 만들어 빛의 양을 보고합니다. 순서대로 보고하므로 오류는 적지만 그만큼 시간이 걸립니다.

한편 CMOS형은 각 화소의 측정 담당자가 각자의 자리에서 호출에 응답하여 빛의 양을 보고합니다. 줄을 서야 하는 동작이 필요 없기 때문에 읽기 쓰기가 빠르지만, 보고 시에 오류가 발생할 가능성이 있습니다.

디지털카메라가 보급된 초기에는 CCD형이 대세였지만, 지금은 구조가 단순한 CMOS으로 대체되었고, 생산 대수의 경우도 90% 이상을 CMOS형이 점유하고 있습니다.

자동 초점

디지털카메라를 사용할 때 가장 귀찮은 것이 초점을 맞추는 일입니다. 이런 번거로움을 순식간에 해결해주는 것이 자동 초점(오토 포커스)입니다.

자동 초점 카메라가 처음으로 발매된 것은 1977년의 일입니다. 당시 KONICA가 'Konica C35 AF(Just Pint Konica)'라는 이름으로 제품을 출시하여 크게 히트를 쳤습니다. 그 후로 카메라의 전자화가 엄청난 기세로 진행되었고, 지금도 디지털카메라나 비디오카메라의 발전은 계속되고 있습니다. 웃고 있을 때 셔터가 터지는 **스마일 셔터**, 모니터 상의 이미지로 사람 얼굴을 인식한 후에 초점을 맞춰주는 **얼굴 검출**, 미리 등록해 둔 피사체의 얼굴에 초점을 맞춰주는 **얼굴 인식** 등 옛날 SF 영화에서나 나올 법한 기능이 현실화되고 있습니다.

그럼 이야기를 자동 초점(AF)으로 돌려 원리를 살펴봅시다. 자동 초점에는 몇 가지 방식이 있는데, **콘트라스트(대비) 검출 방식**과 **위상차 검출 방식**이 대표적입니다.

콘트라스트 검출 방식이란 이미지 센서의 콘트라스트 상태를 감지하여 거리를 측정하는 방식입니다. 이미지 센서와 AF 센서를 공동으로 사용할 수 있으므로 소형화가 수월하여 콤팩트한 디지털카메라에 적용되고 있습니다. 단, 렌즈를 움직이면서 초점을 찾기 때문에 초점을 맞추는 데 시간이 걸린다는 단점이 있습니다.

||| 콘트라스트 검출 방식의 원리　|||

렌즈를 멀리서부터 이동시켜 콘트라스트가 높은 부분에 이르러 초점이 맞았다고 판정하는 방식입니다. 소형 디지털카메라에 주로 채택하고 있습니다.

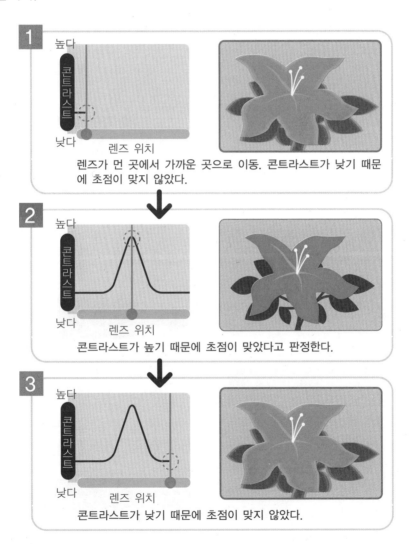

1 높다 [콘트라스트] 낮다　렌즈 위치
렌즈가 먼 곳에서 가까운 곳으로 이동. 콘트라스트가 낮기 때문에 초점이 맞지 않았다.

2 높다 [콘트라스트] 낮다　렌즈 위치
콘트라스트가 높기 때문에 초점이 맞았다고 판정한다.

3 높다 [콘트라스트] 낮다　렌즈 위치
콘트라스트가 낮기 때문에 초점이 맞지 않았다.

▌||| 위상차 검출 방식의 구조 |||

렌즈로부터 들어온 빛을 둘로 나눠 전용 센서로 유도, 맺힌 두 상의 이미지 간격으로 초점을 맞춥니다.

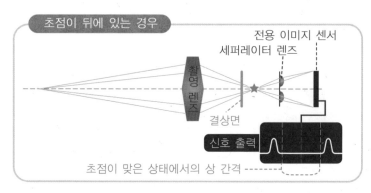

초점이 뒤에 있는 경우

전용 이미지 센서
세퍼레이터 렌즈
촬영 렌즈
결상면
신호 출력
초점이 맞은 상태에서의 상 간격

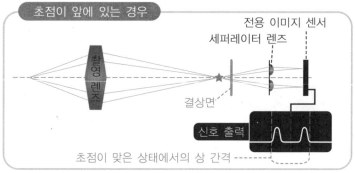

초점이 앞에 있는 경우

전용 이미지 센서
세퍼레이터 렌즈
촬영 렌즈
결상면
신호 출력
초점이 맞은 상태에서의 상 간격

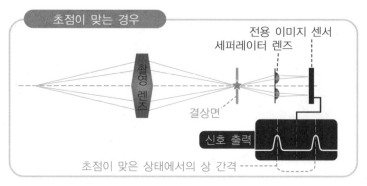

초점이 맞는 경우

전용 이미지 센서
세퍼레이터 렌즈
촬영 렌즈
결상면
신호 출력
초점이 맞은 상태에서의 상 간격

위상차 검출 방식은 피사체로부터 오는 빛의 차이를 감지하여 거리를 측정하는 방식입니다. 렌즈로부터 들어온 빛을 둘로 나눠 전용 센서로 유도하여, 맺힌 두 상의 이미지 간격을 사용하여 초점을 맞춥니다. 초점을 빨리 맞출 수 있지만 전용 이미지 센서와 빛을 분기시키는 구조가 필요하므로 소형화가 어려워서 일안 반사식 카메라에 채택하는 경우가 대부분입니다.

최근의 디지털카메라나 비디오카메라에는 피사체의 움직임에 맞춰 초점을 계속 맞춰 주는 기능이 있는 것도 있습니다. 운동회에서 아이의 움직임을 따라 갈 때 편리합니다. 이 기능은 '예측 구동 초점' 등 제조업체에 따라 부르는 이름은 다르지만, 일반적으로 **컨티뉴어스 AF**라고 합니다. 얼굴 인식과 같은 패턴 인식 기능을 AF 기능과 결합시킨 것입니다.

이 기능은 미사일의 락온 기술과 비슷하지만, 지상의 복잡한 대상을 쫓아가는 만큼 미사일 추적보다 더 복잡합니다.

디지털카메라의 손 떨림 보정

사진을 찍을 때 하는 가장 흔한 실수가 초점이 안 맞거나 손이 떨리는 것입니다. 이제 이런 실수도 카메라가 해결해 줍니다.

시험이나 면접을 잘 못 본 경우 '떨려서'라는 말을 자주 사용하는데, 카메라 세계에서도 손이 '떨린' 사진은 잘 못 찍은 사진의 전형적인 예입니다. 원인은 셔터를 누를 때 카메라가 움직이는 '손 떨림'인데 초점이 안 맞은 사진과 똑같이 안 좋은 사진으로 분류됩니다.

초점이 안 맞는 경우는 **자동 초점**이라는 기능이 카메라에 탑재되어 있습니다. 이미지 센서(CCD나 CMOS 센서)상의 이미지를 컴퓨터가 해석하여 초점이 맞는지 아닌지를 판단하고 렌즈의 위치 등을 보정해 주는 기능입니다.

손 떨림의 경우도 카메라에 **손 떨림 보정**이라는 기능이 있습니다. 덕분에 카메라 초보자도 셔터를 누르기만 하면 깨끗한 사진을 찍을 수 있게 되었습니다. 특히 망원 렌즈를 이용할 때는 손 떨림이 일어나기 쉽기 때문에 카메라를 고배율로 이용하는 경우에 도움이 되는 기능입니다.

||| 손 떨림 보정의 대표 방식 |||

디지털카메라의 손 떨림을 보정해 주는 대표적인 방식으로는 렌즈 시프트 방식과 이미지 센서 시프트 방식이 있습니다. 전자는 렌즈에서, 후자는 카메라 본체에서 손 떨림을 보정합니다.

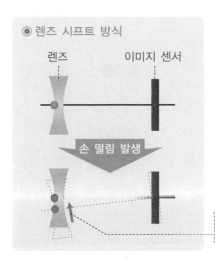

◉ 렌즈 시프트 방식

렌즈   이미지 센서

손 떨림 발생

손 떨림 보정 기능이 렌즈에 탑재되어 있다. 카메라의 흔들림에 맞춰 보정용 렌즈를 작동시켜, 손 떨림을 경감시켜 준다. 니콘 등이 채택하고 있는 방식.

보정용 렌즈를 이동시켜 손 떨림을 경감

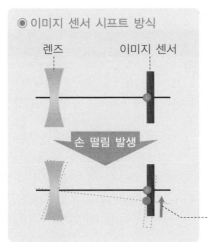

◉ 이미지 센서 시프트 방식

렌즈   이미지 센서

손 떨림 발생

카메라 몸체에 손 떨림 보정 기능이 탑재되어 있다. 손 떨림에 맞춰 이미지 센서를 움직여 손 떨림을 경감시켜 준다. 소니 등이 이용하고 있는 방식.

이미지 센서를 이동시켜 손 떨림을 보정

손 떨림은 상하(피치, pitch)와 좌우(요, yaw) 회전의 움직임으로 나뉩니다. 아래 그림은 좌우 회전(요)을 감지하는 자이로 센서의 원리를 나타낸 것입니다. 사전에 진동시켜 놓은 센서 안의 물체 m에 회전은 관성력(코리올리)을 가해 진동을 변화시킵니다. 이 변화를 전기신호로 변환하는 것이 자이로 센서입니다.

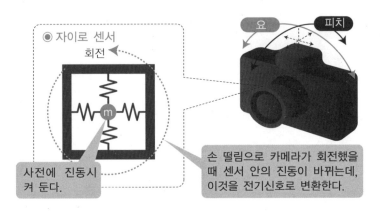

◉ 자이로 센서

회전

사전에 진동시켜 둔다.

요   피치

손 떨림으로 카메라가 회전했을 때 센서 안의 진동이 바뀌는데, 이것을 전기신호로 변환한다.

대칭적인 굴곡 운동

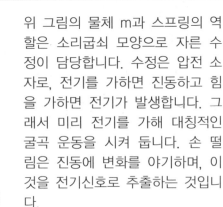

코리올리의 힘

위 그림의 물체 m과 스프링의 역할은 소리굽쇠 모양으로 자른 수정이 담당합니다. 수정은 압전 소자로, 전기를 가하면 진동하고 힘을 가하면 전기가 발생합니다. 그래서 미리 전기를 가해 대칭적인 굴곡 운동을 시켜 둡니다. 손 떨림은 진동에 변화를 야기하며, 이것을 전기신호로 추출하는 것입니다.

　손 떨림 보정의 대표적인 방식으로는 **렌즈 시프트 방식**과 **이미지 센서 시프트 방식**이 있습니다. 렌즈 시프트 방식은 손 떨림 보정 기능이 렌즈에 탑재되어 있습니다. 카메라의 흔들림에 맞춰 보정용 렌즈를 작동시켜 손 떨림을 경감시켜 줍니다. 니콘 등이 채택하고 있습니다.

　한편 이미지 센서 시프트 방식은 카메라 몸체에 손 떨림 보정 기능이 탑재되어 있습니다. 손 떨림에 맞춰 이미지 센서를 움직여 손 떨림을 경감시켜 주는 방식으로, 소니 등이 채택하고 있습니다.

　손 떨림 방지 기능을 실현하는 데는 센서가 중요한 역할을 합니다. 왜냐하면 센서의 정보를 바탕으로 렌즈나 이미지 센서를 움직이기 때문입니다. 이 센서로는 '자이로 센서'가 주된 역할을 담당하고 있습니다. 왜냐하면 손 떨림은 122쪽의 위쪽 그림과 같이 카메라의 회전으로 감지되기 때문입니다. 자이로 센서의 소형화로 손 떨림 방지 기능이 실현되었다고 해도 과언이 아닐 것입니다. 아래 그림은 Murata 제작소의 진동 자이로 센서의 원리입니다. 진동하는 물체가 회전하면 관성력(코리올리의 힘)이 작용하는데, 이를 감지하여 회전 속도를 검출하는 것입니다.

화재경보기

미국에서는 주택용 화재경보기의 설치가 의무화된 이후로 사망자 수가 반으로 줄었다고 합니다.

일본에서는 주택 화재로 인한 사망자 수가 매년 1,000명을 넘고 있고, 그중 70퍼센트를 고령자가 차지하고 있습니다. 특히 잠자는 시간대가 많아 미처 빠져나오지 못한 것이 큰 원인입니다. 이럴 때 화재경보기가 있다면 아주 효과적이겠지요.

가정용 화재경보기의 원리는 크게 두 가지로 나뉩니다. 하나는 **열 감지 방식**이고 다른 하나는 **연기 감지 방식**입니다.

열 감지 방식은 이름 그대로 열을 감지하여 경보를 울리는 장치입니다. 열 감지 방식에는 다양한 방식이 있지만 가장 단순한 것은 125쪽의 그림과 같습니다. 이것은 전열기구의 온도 조절에 사용하는 바이메탈을 이용한 것으로, 온도가 높아지면 바이메탈이 휘어져 경보 스위치를 작동시킵니다.

연기 감지 방식에도 여러 종류가 있습니다. 예를 들면 광전식 연기 감지기는 빛의 산란을 감지하는 원리를 이용합니다. 연기가 감지기에 들어오면 LED를 발생시키는 빛이 연기 입자에 의해 산란됩니다. 이 산란광을 센서가 감지하는 것입니다. 또한 이온화식 연기 감지기라고 해서 방사성 동위원소를 이용하여 이온을 만들어, 연기가 들어왔을 때 전류의 변화를 감지하는 방식도 대표적입니다.

||| 열 감지 방식 화재경보기 |||

열 감지 방식은 전기 고타쓰(일본식 전통 난방기)나 토스터의 온도 관리에 사용하는 바이메탈을 이용하여 열을 감지합니다.

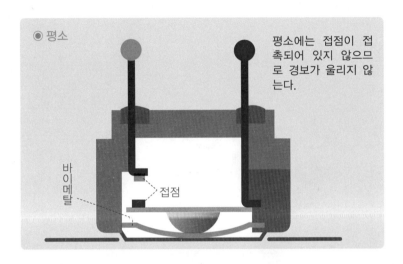

◉ 평소

바이메탈

접점

평소에는 접점이 접촉되어 있지 않으므로 경보가 울리지 않는다.

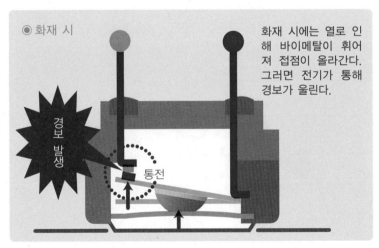

◉ 화재 시

경보 발생

통전

화재 시에는 열로 인해 바이메탈이 휘어져 접점이 올라간다. 그러면 전기가 통해 경보가 울린다.

‖‖‖ 연기 감지 방식 화재경보기 ‖‖‖

광전식 연기 감지 방식의 원리를 살펴보겠습니다. 발광 다이오드(LED)
로부터 나오는 산란광의 변화를 광 센서로 감지합니다.

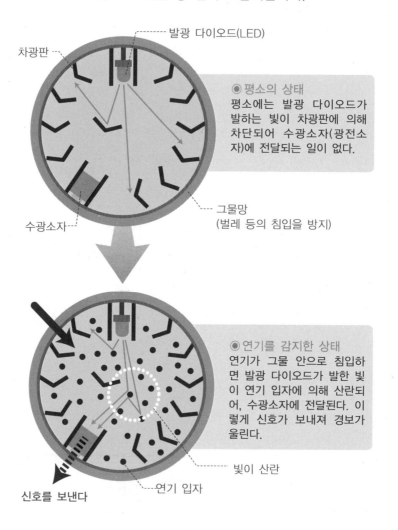

발광 다이오드(LED)

차광판

◉ 평소의 상태
평소에는 발광 다이오드가
발하는 빛이 차광판에 의해
차단되어 수광소자(광전소
자)에 전달되는 일이 없다.

그물망
(벌레 등의 침입을 방지)

수광소자

◉ 연기를 감지한 상태
연기가 그물 안으로 침입하
면 발광 다이오드가 발한 빛
이 연기 입자에 의해 산란되
어, 수광소자에 전달된다. 이
렇게 신호가 보내져 경보가
울린다.

빛이 산란

신호를 보낸다

연기 입자

　화재경보기에서 중요한 것은 적절한 장소에 설치해야 한다는 점입니다. 특히 연기 감지 방식의 경우는 연기의 성질을 고려하여 설치해야 합니다. 연기는 위로 퍼지기 때문에 감지기를 낮은 위치에 설치하면 쓸모가 없습니다. 또한 열 감지 방식의 제품은 열원 근처에 설치하지 않으면 경보가 울려도 '때를 놓칠' 가능성이 큽니다. 따라서 열 감지 방식의 경보기는 부엌이나 차고에, 연기 감지 방식은 침실이나 복도에 설치하는 것이 좋습니다. 또한 침실에서 담배를 피우다 실수로 불이 나는 경우도 있으므로, 두 방식의 화재경보기를 모두 설치하는 것이 최상입니다.

　경보기 설치에서 어려운 점은 감도를 높이면 오작동이 늘어난다는 점입니다. 예를 들어 물을 끓일 때 나는 수증기나 청소할 때 나오는 먼지를 화재 연기로 오인하는 경우가 있습니다. 반대로 감도를 낮추면 실제 화재 시에 작동하지 않을 우려가 있습니다. '양치기 소년'이 되지 않는 경보기를 만들려면 둘의 정도를 제대로 조절하는 것이 중요합니다.

전기차단기

가정에 설치된 분전반을 살펴봅시다. 그 안에는 세 종류의 차단기(브레이커)가 들어 있습니다. 과거 그 자리에는 퓨즈가 있었습니다.

요즘에는 전기를 너무 많이 사용해서 집에 불이 났다는 이야기를 거의 듣지 못합니다. 또 감전으로 사람이 죽는 사고도 별로 없습니다. 이는 분전반에서 차단기가 불철주야 전기를 '감시'해 준 덕분입니다. 전기를 너무 많이 사용하거나 사람이 감전되면 차단기가 내려옵니다. 이처럼 안전을 지켜주는 차단기의 원리는 의외로 알려져 있지 않습니다.

분전반에는 **암페어 차단기, 안전 차단기, 누전 차단기** 세 종류의 차단기가 있습니다.

암페어 차단기는 **서비스 차단기**라고도 하는데, 계약한 양 이상의 전기가 흐르면 자동으로 전기를 끊습니다.

안전 차단기는 **배선용 차단기**라고 합니다. 분전반에서 각 방으로 전기를 보내는 실내 배선에 붙어 있으며, 허용 전류(보통은 20암페어)를 넘으면 자동으로 전기를 차단합니다.

차단기의 원리에는 열동식과 전자식 두 종류의 방식이 있습니다. **열동식**은 전기장판의 온도 조절에 사용되는 바이메탈을 이용합니다. 전류가 너무 많이 흐르면 열이 발생하는데, 그 열을 감지하여 전류를 끊습니다. **전자식**은 전자석을 이용하는 것으로, 많은 전류가 흐르면 자기가 증가하여 그 힘으로 전류를 끊습니다.

||| 분전반의 설치 장소 |||

가정의 분전반을 살펴봅시다. 보통 분전반 안에는 암페어 차단기, 안전 차단기, 누전 차단기 세 종류의 차단기가 있습니다.

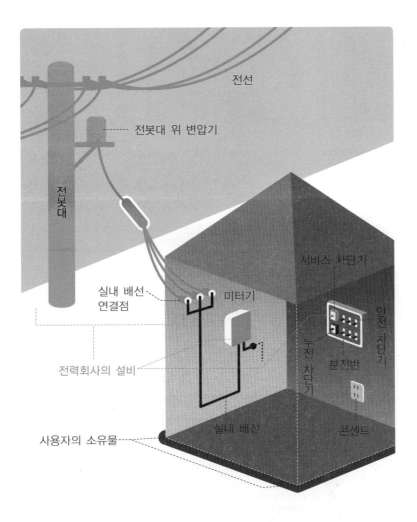

전선

전봇대 위 변압기

전봇대

서비스 차단기

실내 배선
연결점

미터기

안전 차단기

누전 차단기

분전반

전력회사의 설비

콘센트

사용자의 소유물

실내 배선

||| 열동식 안전 차단기 |||

전기가 너무 많이 흐르면 열이 발생합니다. 그 열로 바이메탈이 휘어져 전류를 차단시키는 구조입니다.

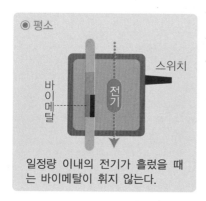

● 평소

일정량 이내의 전기가 흘렀을 때는 바이메탈이 휘지 않는다.

● 일정량 이상으로 전기가 흐른 경우

발생한 열로 인해 바이메탈이 휘어져 전기가 차단된다.

||| 누전 차단기의 원리 |||

가정에서 전류가 오고 가는 전선을 자성체 링에 통과시켜 놓습니다. 누전이 없으면 링을 통과하는 전기는 플러스 마이너스 0이 됩니다. 만일 0이 아니면 누전이 있었다고 판단합니다. 이를 증폭시켜 전자석을 만들고 그 힘으로 스위치를 작동시킵니다.

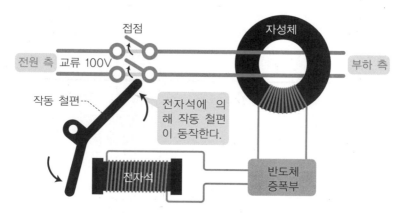

접점

자성체

전원 측 교류 100V

부하 측

작동 철편

전자석에 의해 작동 철편이 동작한다.

전자석

반도체 증폭부

누전 차단기는 누전 브레이커라고도 부르는데, **누전**이란 실내 배선이나 전기기구로부터 전기가 새는 것을 말합니다. 예를 들어 배선이나 전기제품의 부품이 손상되었을 때 일어납니다. 누전 차단기는 누전을 신속하게 감지하여 자동으로 전기를 차단합니다.

누전 차단기는 실내 배선이 시작되는 곳을 자성체 링에 통과시켜 넣은 장치입니다. 누전이 없으면 배선의 출입은 합계가 0이 되고, 전체적으로 링에 전기는 흐르지 않습니다. 하지만 누전이 발생하면 가는 전류보다 돌아오는 전류가 적어져서 링에 전기가 흐릅니다. 그러면 전자유도현상이 발생하여 링에 감긴 코일에 전류가 흐릅니다.

이 전류를 증폭시켜 전자석을 만들고 그 힘으로 스위치를 끊는 것입니다.

콘센트의 구멍 크기가 다른 이유

의외로 알아차리지 못하는 것이지만 콘센트의 좌우 2개의 구멍은 크기가 다릅니다. 자세히 보면 왼쪽이 더 큽니다.

구멍의 크기가 다른 이유는 접지되어 있는 쪽과 그렇지 않은 쪽을 구분하기 위해서입니다. 구멍의 크기가 큰 쪽이 접지되어 있는 쪽입니다. 전기공사를 하는 사람은 이를 보고 접지 작업을 할 수 있습니다.

'접지되어 있다'는 것은 전선이 땅과 연결되어 있다는 뜻입니다. 실제로 전봇대에서 가정으로 오는 배선은 두 줄이 한 쌍으로 되어 있는데, 그중 한쪽은 접지되어 있습니다. 따라서 가령 구멍이 큰 쪽에만 손가락을 넣어도 (공사가 제대로 되어 있다면) 감전되는 일은 없습니다. 이에 비해 작은 쪽의 구멍에 손을 넣으면 감전됩니다(실제로 해보지 말기 바랍니다!).

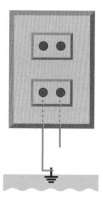

※110V의 경우입니다.

제3장

생활용품의
대단한 기술

린스 겸용 샴푸는 어떻게 샴푸와 린스의
효과를 동시에 얻을 수 있는 것일까요?
비누나 컵라면 등 일상 속 생활용품의
기술을 소개합니다.

안 씻는 쌀

씻지 않아도 맛있는 밥을 지을 수 있는 '안 씻는 쌀(무세미)'은 기존의 쌀과 무엇이 다를까요? 또 어떻게 만드는 걸까요?

밥을 짓기 전에 쌀을 씻어야 하는 번거로움을 없앤, **씻지 않아도 되는 쌀**이 나와 인기를 끌고 있습니다. 안 씻는 쌀은 바쁜 현대인에게는 정말 고마운 상품이라고 할 수 있습니다.

씻지 않아도 되는 쌀이 어떻게 만들어지는지를 이해하려면 쌀을 도정하는 과정을 알아야 합니다. 벼 이삭에서 탈곡한 낟알을 도정하는 과정을 먼저 살펴봅시다. 낟알에서 껍질(왕겨층)을 벗겨내어 쌀알을 꺼내는 과정을 '제현'이라고 하는데, 이 과정에서 나오는 것이 **현미**입니다. 현미는 영양가가 높으며, 그 상태로도 밥을 지어서 먹을 수 있지만 보통은 표면에서 **쌀겨**(미강층)를 좀 더 벗겨 **백미**로 만듭니다. 이 과정을 **정미**라고 하는데, 이 백미가 쌀집이나 마트에서 파는 보통의 쌀입니다.

백미도 현미와 마찬가지로 그대로 지어서 먹을 수 있지만 백미에 남아 있는 **속겨** 성분을 벗기면 밥을 더 맛있게 지을 수 있습니다. 쌀을 씻는 행위가 바로 '속겨를 박리하는 과정'이 됩니다. 안 씻는 쌀은 백미에 붙어 있는 속겨를 미리 벗겨냄으로써 쌀을 씻는 수고를 덜어 주는 것입니다. 그렇다면 속겨는 어떻게 벗겨내는 것일까요?

||| 도정 과정과 쌀겨 |||

낟알에서 쌀알을 꺼낸 것이 현미, 다시 쌀겨(맥아를 포함)를 벗겨낸 것이 백미입니다. 백미에 붙어 있는 속겨를 기계적으로 벗겨낸 것이 안 씻는 쌀입니다.

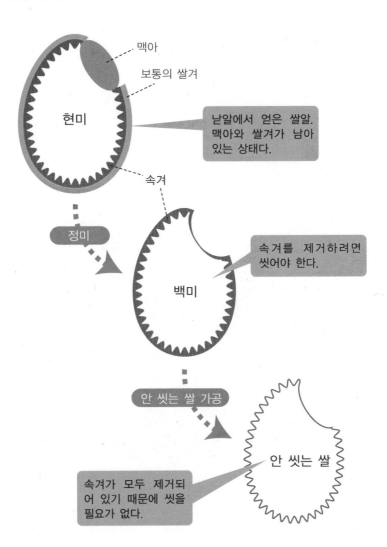

맥아

보통의 쌀겨

현미

낟알에서 얻은 쌀알. 맥아와 쌀겨가 남아 있는 상태다.

속겨

정미

속겨를 제거하려면 씻어야 한다.

백미

안 씻는 쌀 가공

안 씻는 쌀

속겨가 모두 제거되어 있기 때문에 씻을 필요가 없다.

||| 안 씻는 쌀의 가공 예 |||

백미를 스테인리스 통 안에 넣고 고속으로 돌리면 속겨가 스테인리스 벽에 부착됩니다. 부착된 속겨에 다른 쌀알의 속겨가 계속해서 붙어 분리됩니다.

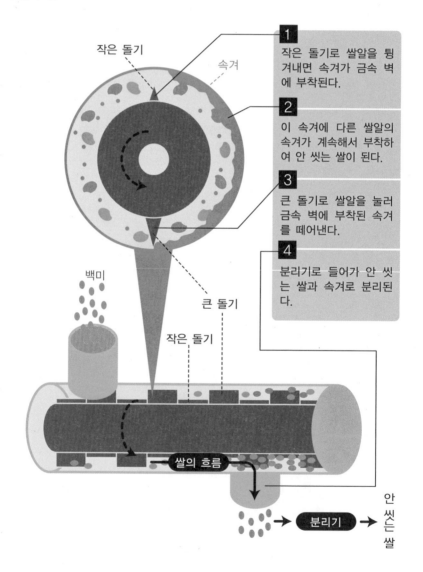

작은 돌기

속겨

1 작은 돌기로 쌀알을 튕겨내면 속겨가 금속 벽에 부착된다.

2 이 속겨에 다른 쌀알의 속겨가 계속해서 부착하여 안 씻는 쌀이 된다.

3 큰 돌기로 쌀알을 눌러 금속 벽에 부착된 속겨를 떼어낸다.

4 분리기로 들어가 안 씻는 쌀과 속겨로 분리된다.

백미

큰 돌기

작은 돌기

쌀의 흐름

분리기

안 씻는 쌀

안 씻는 쌀을 가공하는 방법에는 몇 가지가 있지만, 가장 많은 사용하고 있는 'BG 도정법'을 소개하겠습니다. 이 방법은 속겨와 속겨, 그리고 속겨와 금속이 쉽게 부착하는 성질을 이용하여 쌀의 속겨를 서로 부딪히게 해서 깎아내는 방법입니다.

원리는 복잡하지 않습니다. 백미를 스테인리스 통 안에 넣고 돌리면 속겨가 스테인리스 벽에 붙습니다. 부착된 속겨에 다른 쌀알의 속겨가 계속 들러붙어 대부분의 속겨가 쌀에서 분리되는 것입니다.

참고로 현미를 백미로 만드는 **정미기**도 비슷한 원리를 이용하고 있습니다. 정미기 안에서 현미끼리 부딪히는 마찰로 쌀겨가 떨어지게 하는 것입니다.

안 씻는 쌀을, 미리 씻어 나온 쌀로 오해하는 경우가 많은데, 안 씻는 쌀은 쌀의 속겨를 '갈아낸 것'이지 '씻어낸 것'은 아닙니다. 하지만 일반적으로 속겨를 벗겨낼 때는 '쌀을 씻기' 때문에 씻어 나온 쌀이라고 해도 상관은 없을 것 같습니다.

비누와 합성세제

비누나 합성세제는 우리 생활에 빼놓을 수 없는 것들이지만, 이 제품들이 어떤 원리로 때를 제거하는지 생각해 본 사람은 별로 없을 것입니다.

평소에 별 생각 없이 사용하는 비누는 어떻게 때를 제거할까요? 비밀은 비누의 신비로운 분자 구조에 있습니다.

비누 분자는 성냥개비와 같은 모양을 하고 있습니다. 비누 분자의 한쪽은 물에 반발하고, 다른 한쪽은 물과 친한 성질을 갖고 있습니다. 물에 반발하는 쪽을 **친유성기**(소수성기), 물과 친한 쪽을 **친수성기**라고 하는데, 두 가지 성질이 공존하는 분자 구조가 매우 중요합니다.

비누 분자는 물속에서 미셀(micelle)이라는 분자의 집단을 형성하는데, 친유성기는 물과 반발하기 때문에 친수성기를 바깥쪽으로 하여 모이게 됩니다. 사자성어에 '머리만 감추고 꼬리는 드러낸다(藏頭露尾)'는 말이 있는데, 비누 분자는 그 반대 상태가 됩니다. 즉, 비누 분자를 그림으로 표현할 때는 친유성기를 막대, 친수성기를 원으로 나타내기 때문에 '꼬리만 감추고 머리는 드러나 있는' 상태가 되는 것입니다.

여기에 기름을 넣어 저으면 어떻게 될까요? 처음에는 미셀을 만들고 있던 비누 분자가 뿔뿔이 흩어지지만 친유성기는 다시 물속에서 숨을 장소를 찾으려고 합니다. 새로 숨을 장소가 물에 녹지 않는 기름입니다. 왜냐하면 기름도 물을 싫어하는 성질이 있기 때문입니다.

||| 비누 분자의 구조 |||

가늘고 긴 모양을 하고 있으며, 한쪽은 물을 싫어하는 성질(친유성)을,
다른 한쪽은 물을 좋아하는 성질(친수성)을 갖고 있습니다. 일반적으로
이와 같은 분자 구조를 갖고 있는 물질을 계면활성제라고 합니다. 친수
성기는 전기를 띠고 있습니다.

--------- 친유성기(물을 싫어한다)

------ 친수성기(물을 좋아한다)

||| 비누 분자는 물속에서 원형으로 줄지어 선다 |||

비누 분자는 물속에서 미셀이라는 상태로 존재합니다. 왜냐하면 친유성
기가 물을 싫어하기 때문입니다. 그래서 비누의 친유성기가 가능한 한
물과 닿지 않도록 원형으로 줄지어 서는 것입니다.

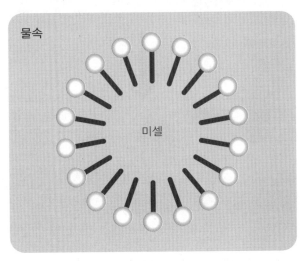

물속

미셀

세탁기에 넣은 세제가 옷에 들러붙어 있는 기름때를 빼는 원리를 살펴
봅시다.

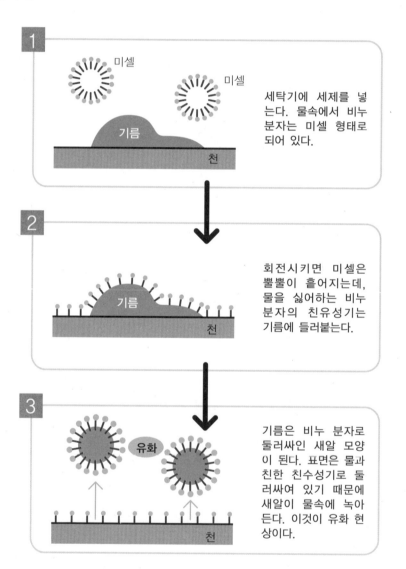

1 세탁기에 세제를 넣는다. 물속에서 비누 분자는 미셀 형태로 되어 있다.

2 회전시키면 미셀은 뿔뿔이 흩어지는데, 물을 싫어하는 비누 분자의 친유성기는 기름에 들러붙는다.

3 기름은 비누 분자로 둘러싸인 새알 모양이 된다. 표면은 물과 친한 친수성기로 둘러싸여 있기 때문에 새알이 물속에 녹아 든다. 이것이 유화 현상이다.

비누 분자의 친유성기는 기름의 표면을 둘러쌉니다. 그러면 기름은 비누 분자에 의해 빼곡히 둘러싸이지만 바깥쪽은 친수성기로 되어 있습니다. 이 말은 즉, 물에 녹을 수 있다는 것을 의미하며, 기름이 물에 녹는 비밀은 바로 여기에 있습니다(이것을 유화라고 함). 그래서 물로 헹구면 기름이 씻겨 나가게 되는 것입니다.

이것이 비누로 기름때를 빼는 원리입니다. 그래서 친수성기와 친유성기가 양쪽 끝에 같이 공존하는 분자 구조가 중요하며, 이 구조를 가져야 비누로 기름때를 뺄 수 있는 것입니다. 비누 분자처럼 친수성기와 친유성기를 합친 분자로 만들어진 물질을 **계면활성제**라고 합니다.

비누는 보통 식물성 유지를 사용하여 만들지만, 분자 구조가 판명된 지금은 석유를 화학적으로 합성하여 만들 수 있습니다. 이것이 바로 **합성세제**입니다.

또한 계면활성제는 세제 외에도 정전기 방지제나 섬유 유연제 등 생활이 다양한 곳에서 사용되고 있습니다.

린스 겸용 샴푸

바쁜 아침 샤워 시간을 줄여주는 것이 바로 린스 겸용 샴푸입니다.

린스 겸용 샴푸는 린스 효과를 갖고 있는 샴푸를 말합니다. 샴푸는 두피의 피지를 제거하기 때문에 머릿결을 푸석푸석하게 하는 성질이 있습니다. 그에 반해 린스는 머리카락에 윤기를 주는 제품입니다. 이와 같이 상반된 성질을 하나의 통에 담은 린스 겸용 샴푸는 어떻게 만드는 것일까요?

본론에 들어가기 전에 먼저 일반 샴푸와 린스의 원리를 살펴봅시다. 샴푸는 138쪽에서 소개한 비누와 마찬가지로 친수성기와 친유성기를 모두 갖고 있는 분자로 되어 있습니다. 친유성기가 피지에 들러붙고 친수성기가 그 표면을 감싸기 때문에 물로 씻으면 피지가 제거됩니다.

린스도 기본적으로는 비누와 구조가 같지만, 비누와 다른 점은 친수성기의 전하에 있습니다. 물속에서 비누의 친수성기는 마이너스인데 반해 린스는 플러스를 띱니다. 그래서 샴푸를 한 후에 린스를 사용하면 마이너스 전기를 띠고 있는 머리카락에 린스가 들러붙어 머리카락을 차분하게 만드는 것입니다. 또한 린스는 친유성기가 길기 때문에 머리카락이 착 달라붙지 않고 찰랑찰랑하게 만들어 줍니다.

||| 일반 샴푸와 린스의 분자

구조는 비슷하지만 전기를 띠는 방법이 다릅니다. 또한 린스의 분자는
샴푸의 분자보다 깁니다.

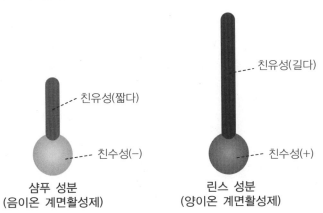

샴푸 성분
(음이온 계면활성제)

린스 성분
(양이온 계면활성제)

||| 일반 린스의 구조

머리카락에 붙은 린스 분자는 머리카락이 엉키는 것을 막고 머릿결을
찰랑거리게 하고 차분하게 만듭니다.

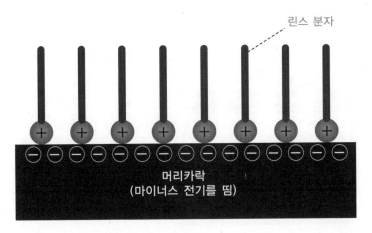

린스 분자

머리카락
(마이너스 전기를 띰)

||| 린스 겸용 샴푸의 분자

린스 겸용 샴푸의 린스 분자는 보통의 린스보다 긴 것(폴리머)을 이용합니다.

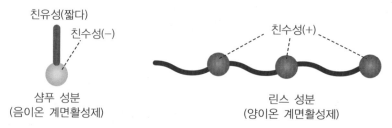

친유성(짧다)
친수성(−)
샴푸 성분
(음이온 계면활성제)

친수성(+)
린스 성분
(양이온 계면활성제)

||| 린스 겸용 샴푸의 원리

피지를 제거하는 효과(샴푸)와 윤기와 찰랑거림을 주는 효과(린스)를 얻을 수 있는 신기한 원리를 살펴봅시다.

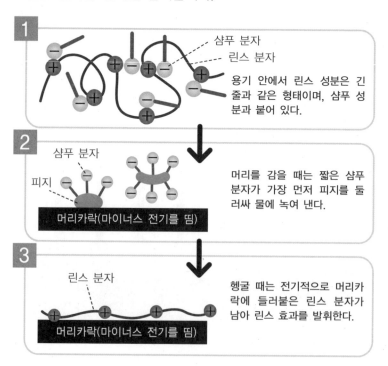

1

샴푸 분자
린스 분자

용기 안에서 린스 성분은 긴 줄과 같은 형태이며, 샴푸 성분과 붙어 있다.

2

샴푸 분자
피지

머리카락(마이너스 전기를 띰)

머리를 감을 때는 짧은 샴푸 분자가 가장 먼저 피지를 둘러싸 물에 녹여 낸다.

3

린스 분자

머리카락(마이너스 전기를 띰)

헹굴 때는 전기적으로 머리카락에 들러붙은 린스 분자가 남아 린스 효과를 발휘한다.

  이상이 샴푸와 린스의 원리인데, 둘을 그냥 단순히 섞기만 하면 샴푸와 린스 성분의 플러스와 마이너스가 상쇄되어 버립니다. 그래서 린스 겸용 샴푸에는 뭔가 다른 대책이 필요합니다.

  대표적인 방법으로는 린스 성분의 **양이온성 폴리머**를 이용하는 방법이 있습니다. 양이온성 폴리머는 양이온을 군데군데 배치한 긴 줄과 같은 분자입니다. 원액에는 린스의 양이온과 샴푸의 음이온이 결합되어 있습니다. 물에 녹으면 분해되는데, 작은 샴푸 분자가 먼저 작용하여 머리의 오염을 제거합니다. 샴푸를 한 두발을 헹군 다음에는 마이너스 전기를 띠는 머리카락에 플러스 전기를 갖고 있는 린스 성분이 붙어 린스 효과를 발휘하는 것입니다.

  린스 겸용 샴푸는 바쁜 현대인에게 편리하기는 하지만, 샴푸와 린스를 따로따로 사용할 때만큼의 효과를 얻기는 어려우므로 급할 때만 사용하는 것이 좋습니다.

항균 제품

항균 수건, 항균 칫솔 등 우리 생활 속에는 셀 수 없을 만큼 다양한 항균 제품이 넘쳐나고 있습니다. 항균이란 무엇을 말하는 것일까요?

　항균 제품의 수만큼이나 인기도 날로 높아지고 있습니다. 위생용품이나 옷, 문방구 등 우리 주변의 대부분을 항균 제품으로 구비할 수 있을 정도로 종류와 수가 다양한데, 정말로 균의 번식을 억제하는 힘이 있는 것일까요?

　항균과 비슷한 말로 '살균', '멸균', '제균' 등이 있습니다. 이런 말에는 균을 적극적으로 죽인다는 뜻이 있습니다. 반면 '항균'의 의미는 조금 다릅니다.

　일본의 〈항균가공제품 가이드라인〉을 보면 '항균'이란 '항균 가공한 해당 제품의 표면에 세균의 번식을 억제하는 것'이라고 정의되어 있습니다. 따라서 '항균'으로 표시되어 있는 것은 살균이나 멸균 효과는 기대할 수 없습니다. 즉 항균 제품은 균이 번식하는 것을 억제하는 효과를 기대하는 제품을 가리킵니다.

　항균 제품은 항균 작용을 하는 물질을 소재 안에 넣거나 화학반응으로 결합시켜 제조합니다. 대표적인 것이 **항균제**를 사용하는 방법과 금속을 사용하는 방법이 있습니다. 항균제는 세균의 생명 기능을 어지럽히거나 파괴시키는 것으로, 녹차의 성분인 카테킨이 유명합니다.

　금속을 사용하는 방법에는 주로 동이나 은, 티탄을 주로 이용합니다. 왜냐하면 세균에는 이러한 금속을 싫어하는 성질이 있기 때문입니다.

||| 항균제로 항균 가공한 섬유의 예 |||

섬유 위에 '바인더'라는 코팅을 하고 그 위에 항균제를 부착시킵니다.

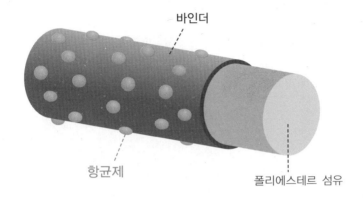

||| '동'이 세균을 제거한다 |||

대장균 'O157'을 배양하는 실험을 하면 동 파편을 놓아둔 부분만 균이 번식하지 않는다는 것을 알 수 있습니다.

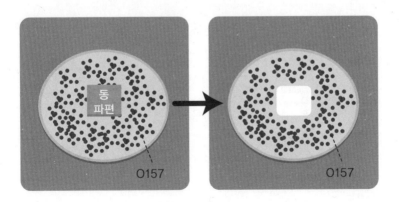

||| 금속으로 항균 가공한 섬유의 예 |||

섬유 안에 산화티탄을 넣어 항균작용을 갖게 합니다. 산화티탄은 광촉매 작용으로 균을 죽이는 성질이 있습니다.

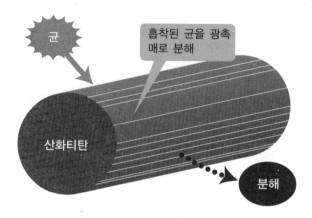

||| 항균 효과를 보증하는 '항균 마크' |||

항균 마크는 관련 기관이 항균 효과가 있는 것에 붙이도록 허용하고 있습니다. 항균 마크는 우수한 항균 가공 제품에 부여하는 마크입니다.

섬유

섬유 이외

＊ 일본의 예입니다.

실제로 동(구리)으로 만든 10원짜리 동전 때문에 병에 감염되었다는 이야기는 들어 보지 못했을 것입니다. 세균이 금속을 싫어하는 성질을 활용하여 금속을 직접 이용하거나 또는 그 화합물이나 이온을 군데군데 박아 항균작용을 일으키는 것입니다.

앞에서 말했듯이 항균이란 '균이 번식하는 것을 억제한다'는 뜻입니다. 일본의 여러 소비자 센터가 테스트를 한 결과 몇 가지 제품에 의문이 제기되었습니다. 그래서 관련 기관에서는 항균 기준을 만들어 그에 부합하는 항균작용을 갖고 있는 것에는 항균 마크를 붙이고 있습니다. 가령, 섬유의 경우는 SE 마크를, 섬유 이외에는 SIAA 마크가 대표적입니다

최근에는 항균제의 유해성 논란이 일기도 했습니다. 항균 붐은 '불결공포증'이라고 부르는 현대인의 히스테리의 발현이라고도 합니다. 항균제품으로 몸을 보호하다 보면 오히려 몸에 좋지 않은 결과를 초해할 수도 있으므로 주의해야 합니다.

김 서림 방지 거울

욕실의 거울이 김으로 흐려지거나 비가 오는 날 자동차의 사이드 미러에 빗방울이 맺혀 잘 보이지 않는 경우가 있습니다. 이 문제를 해결하는 제품이 인기가 많습니다.

욕실의 김 때문에 거울이 보이지 않아 곤란했던 적이 있을 것입니다. 이때 도움이 되는 것이 **김 서림 방지 스프레이**입니다. 거울을 잘 닦은 후 스프레이를 뿌리기만 하면 거울이 원래대로 깨끗해집니다.

김 서림 방지 스프레이는 어떻게 김 서림을 막는 것일까요?

거울에 김이 서리는 이유는 거울에 무수히 많은 작은 물방울이 붙어 빛이 난반사되기 때문입니다. 따라서 이 물방울을 없애기만 하면 거울에 김이 서리지 않습니다. 김 서림을 해소하려면 거울에 물방울이 잘 번지도록 하면 됩니다. 즉, 거울의 표면을 **물과 친해지게** 하면 된다는 얘기입니다. 그렇게 하면 표면이 평평해져서 거울에 김이 서리지 않습니다. 이와 같은 친수성 성질의 제품이 김 서림 방지 스프레이입니다.

김 서림 방지 스프레이는 **친수성 폴리머**를 이용합니다. 친수성 폴리머는 이온성 유기화합수지로, 거울에 붙어 친수성 막을 형성합니다. 이 막으로 인해 물방울은 거울 표면에서 평평해져서 김이 서리지 않는 것입니다.

하지만 스프레이를 이용하여 김 서림을 막는 것에는 한계가 있습니다. 시간이 지나면 친수성 폴리머가 떨어져서 효과가 없어지기 때문입니다. 그래서 처음부터 거울에 친수성 물질을 코팅시켜 두는 방법이 개발되었습니다. 바로 **산화티탄**을 이용하는 방법입니다.

⫼ 거울에 김이 서리는 이유   ⫼

욕실에서 거울에 김이 서리는 이유는 무수히 많은 미세한 물방울이 표면에 달라붙어 있어 빛이 난반사를 하기 때문입니다.

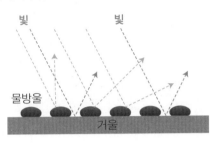

⫼ 김 서림 방지의 원리   ⫼

김 서림 방지 스프레이를 거울에 뿌리면 물방울이 붙어도 김이 서리지 않습니다. 그 원리는 무엇일까요?

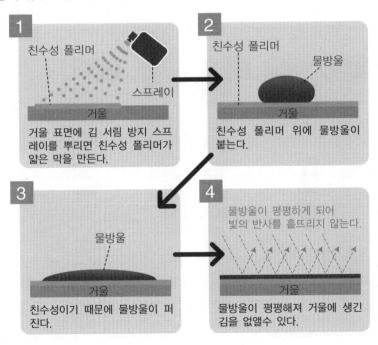

산화티탄은 빛을 이용하여 유기물을 산화시켜 파괴합니다.

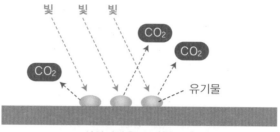

산화티탄을 코팅한 거울

친수성 피막에는 때나 먼지 아래에 물이 스며들어 떼어내는 자기정화 기능이 있습니다. 더욱이 산화티탄은 광촉매 작용이 있으므로 클리닝 효과가 뛰어납니다.

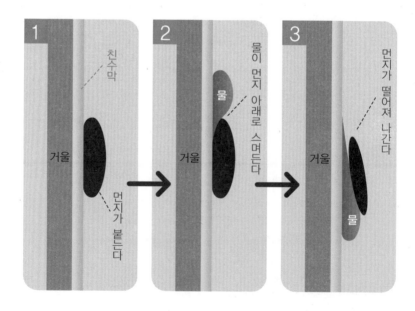

　근래에 알려진 사실이지만 산화티탄에는 극친수성라 불리는 성질이 있습니다. 산화티탄에 빛을 비추면 주변이 높은 친수성을 띠는 성질입니다. 그래서 산화티탄을 거울 유리의 표면에 발라두면 거울 표면이 항상 친수 상태가 되어 김이 서리지 않는 것입니다.

　산화티탄에는 극친수성 외에도 **광촉매** 작용이라는 성질도 있습니다. 산화티탄 주변에 붙어 있는 기름 막 등을 빛의 힘을 이용하여 산화 및 분해하는 성질입니다. 즉, 거울에 때가 붙으면 저절로 떨어집니다. 덕분에 산화티탄을 코팅한 거울은 오랜 시간 더러움을 방지하는 효과가 있어 사물을 선명하게 반사시켜 줍니다. 때가 타기 쉬운 도로의 반사 거울에 산화티탄을 코팅한 거울을 사용하는 것도 바로 이 때문입니다.

압력냄비

압력냄비는 일반 냄비의 3분의 1 정도의 짧은 시간에 요리할 수 있습니다. 가스비를 아낄 수 있으며 맛도 골고루 스며들어 인기가 많습니다.

압력냄비란 말 그대로 '압력을 가해 조리하는 냄비'입니다. 조리 시간을 대폭으로 단축시킬 수 있을 뿐만 아니라 비타민이나 재료의 색을 유지해 주고, 음식도 맛있게 만들 수 있기 때문에 인기가 많습니다.

압력냄비의 구조는 정말 간단합니다. 냄비를 밀봉하는 뚜껑에 작은 구멍을 뚫고, 그 구멍이 닫히는 정도를 추나 스프링으로 조정합니다. 재료를 넣고 불을 켜면 냄비 안의 압력이 올라가는데, 이 구멍을 조절하여 압력을 일정 시간 높게 유지시킵니다. 예를 들어 가정용 압력냄비의 경우는 내부가 2기압 정도가 되도록 조절합니다. 참고로 1기압은 평지에서 받는 대기의 압력입니다.

그렇다면 왜 압력을 높게 하면 조리 시간이 단축되는 것일까요? 이유는 냄비 안의 압력이 높으면 물의 끓는점을 높여 고온에서 조리할 수 있기 때문입니다.

끓는점이란 물이 끓기 시작하는 온도를 말하는데, 이때 물 분자는 열에너지를 받아 강하게 튀어나옵니다. 압력이 높으면 분자는 좀처럼 튀어나오지 못하기 때문에 압력을 가하면 끓는점 온도가 높아집니다. 실제로 압력이 1기압일 때 물의 끓는점은 100도이지만, 2기압인 경우는 120도 정도로 높아집니다. 다시 말해 압력냄비는 120도에서 조리를 할 수 있다는 뜻으로, 조리 시간이 단축되는 비밀은 여기에 있습니다.

||| 추 방식과 스프링 방식 |||

압력냄비에는 '추 방식'과 '스프링 방식'이 있습니다. 밀폐시킬 뚜껑의 구멍을 막을 때 어느 정도의 힘을 가하느냐에 따라 냄비 안의 압력을 조절합니다.

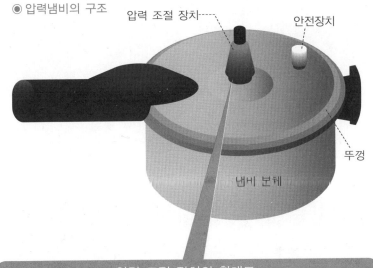

◉ 압력냄비의 구조

압력 조절 장치

안전장치

뚜껑

냄비 본체

압력 조절 장치의 확대도

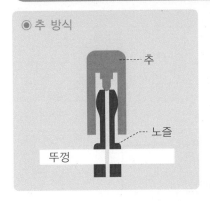

◉ 추 방식

추

노즐

뚜껑

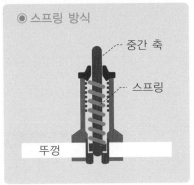

◉ 스프링 방식

중간 축

스프링

뚜껑

⫼ 고온으로 조리가 가능한 이유 ⫼

압력냄비의 내부는 약 2기압 정도입니다. 이 경우 보통 100℃에서 끓는 물이 120℃까지 상승해야 비로소 끓게 됩니다. 그래서 120℃의 고온으로 조리가 가능해져 조리 시간이 대폭 단축되는 것입니다.

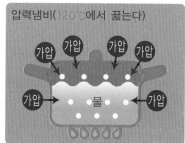

⫼ 기압이 높으면 끓는점도 높아진다 ⫼

기압이 높아지면 끓는점도 올라가고 반대로 기압이 낮아지면 끓는점도 내려갑니다. 기압에 따른 끓는점의 차이를 살펴봅시다.

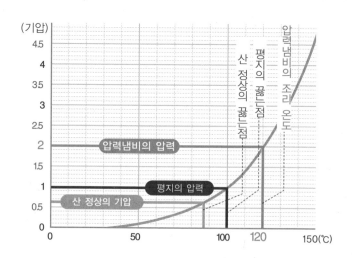

압력냄비는 높은 산에서 매우 유용합니다. 고도가 높아져서 공기가 적어지면 기압이 낮아지므로 물의 끓는점이 낮아집니다. 압력냄비와는 반대 현상이 일어나는 것입니다. 예를 들어 높은 산 정상에서는 공기의 압력이 지상의 5분의 4 정도이므로 물은 92도 정도에서 끓습니다. 이 온도로는 아무리 재료에 불을 가해도 미지근할 뿐 조리가 되지 않습니다. 이때 압력냄비를 이용하면 이 문제를 해결할 수 있습니다.

압력과 끓는점의 관계는 **동결건조** 식품의 건조저장기술에도 응용하고 있습니다. 얼린 물체를 기압이 거의 없는 방에 두고 수분을 순식간에 끓게 하여 기화시켜 건조시키는 방법입니다. 영양분의 변화가 거의 일어나지 않으며 물이나 뜨거운 물을 부으면 바로 원래대로 되돌릴 수 있기 때문에 컵라면의 건더기 제조 등에 이용하고 있습니다.

가정용 혈압계

가정용 혈압계는 혈압을 신경 써야 하는 사람에게
는 정말 고마운 제품입니다. 그런데 병원에서
사용하는 것과 비교하면 상당히 작은데 어떻게
혈압을 측정하는 것일까요?

요즘은 가정용 혈압계가 많이 보급되어 혈압을 집에서도 직접 측정하
는 것이 일반적입니다. 혈압계 덕분에 매일 혈압을 체크할 수 있어 혈압
이 높은 사람의 건강 관리에 큰 도움이 되고 있습니다. 최근의 혈압계는
손가락으로도 측정할 수 있을 정도로 크기가 작습니다.

먼저 전통적인 혈압계의 원리를 살펴봅시다. 혈압계는 위쪽 팔에 채운
커프에 공기를 주입하여 꽉 조인 다음, 연결된 수은주 압력계로 혈압을
읽어내는 방식입니다. 이때 의사는 청진기로 혈관음(발견한 사람의 이름
을 따서 **코로트코프음**이라고도 함)을 듣습니다(청진). 조인 커프의 공기
를 천천히 빼면 혈액이 흘러 혈관음이 들리기 시작하는데, 이때의 혈압이
최고 혈압입니다. 혈관음이 들리지 않게 되었을 때의 혈압이 최저 혈압이
됩니다. 이 방법을 **코로트코프**(Korotkoff)**법**이라고 합니다.

이 혈관음 청진을 압력 센서가 담당하도록 한 혈압계가 바로 가정용 혈
압계입니다. 즉, 혈액이 흐를 때 동맥벽의 진동을 센서가 감지하여 측정
하는 방법입니다. 혈관음을 압력 센서에 가해진 진동으로 감지하는데, 이
방법을 **오실로메트릭법**이라고 합니다.

||| 코로트코프법을 이용한 혈압 측정 |||

병원에서 이용하는 혈압계는 주로 코로트코프법을 이용하여 혈압을 측정합니다. 청진기로 맥박 소리를 듣고 최고 혈압과 최저 혈압을 잽니다.

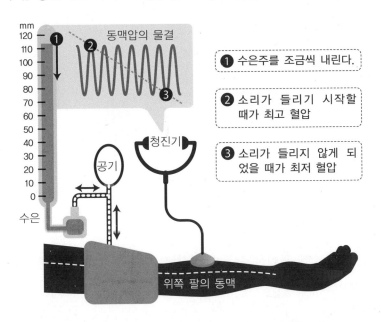

❶ 수은주를 조금씩 내린다.

❷ 소리가 들리기 시작할 때가 최고 혈압

❸ 소리가 들리지 않게 되었을 때가 최저 혈압

||| 오실로메트릭법을 이용한 혈압 측정 |||

맥박의 진동을 감지하여 수치화하는 것으로, 가정용 혈압계에 채택하고 있습니다. 의료용보다 크기가 작습니다.

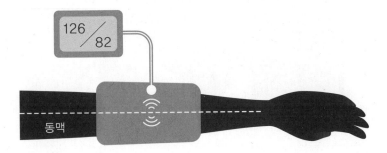

||| 피에조 저항 효과를 이용한 소형 압력 센서 |||

압력을 가하면 위쪽의 얇은 실리콘 막이 눌려 게이지가 휘어집니다. 이 때 피에조 저항 효과를 갖고 있는 게이지의 저항값이 바뀌어 압력을 감지합니다.

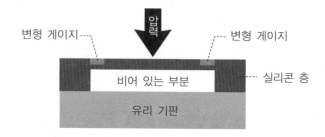

||| 올바른 위치에서 측정 |||

혈압계는 심장과 똑같은 높이에서 측정해야 합니다. 올바른 위치에서 측정하지 않으면 측정 결과가 정확하지 않기 때문입니다.

　가정용 혈압계에는 커프를 손목에 감는 작고 가벼운 제품이 많습니다. 오실로메트릭법을 가능케 한 것이 바로 **피에조 저항 효과**를 이용한 반도체 압력 센서입니다. 이 센서를 컴퓨터와 결합시키면 작아도 혈압을 정확하게 측정할 수 있습니다.

　피에조 저항 효과란 압력을 가하면 전기저항이 바뀌는 성질을 말합니다(174쪽 참조). 이를 이용한 압력 센서는 반도체를 이용하고 있기 때문에 소형화가 가능합니다. 또한 전자회로에 직접 내장시킬 수 있는 장점도 있습니다. 참고로 피에조란 '누른다, 압축한다'는 뜻을 가진 그리스어입니다.

　혈압계는 사용법을 제대로 알고 사용하지 않으면 측정치가 정확하지 않을 수 있습니다. 예를 들어 손가락이나 손목으로 혈압을 잴 때는 손을 심장의 높이와 똑같은 위치에서 측정해야 정확한 값을 얻을 수 있습니다. 잘못 측정하면 '자신은 건강하다'고 생각했는데 고혈압 또는 저혈압으로 나올 수도 있습니다.

스테인리스

스테인리스 싱크대가 동경의 대상이던 시절이 있었습니다. 그런데 이 금속의 원리는 의외로 알려져 있지 않습니다.

지금은 스테인리스 제품이 부엌의 필수품으로 자리 잡았습니다. 싱크대, 식칼, 냄비 등 너무 많아서 일일이 셀 수가 없습니다. 최근에는 전철에도 스테인리스를 많이 이용합니다. 유지보수가 간단하며 녹슬지 않는 스테인리스의 특징을 활용하고 있는 것입니다.

스테인리스란 스테인리스 스틸(stainless steel)의 약자로, 녹(stain)이 없는 스틸(steel, 철)이라는 뜻입니다. 말 그대로 스테인리스는 물에 젖어도 녹슬지 않습니다. 본래 철은 금방 녹슬어 버리는데 스테인리스는 어째서 녹이 슬지 않는 것일까요?

스테인리스가 녹슬지 않는 비밀은 그 성분에 있습니다. 현재 가장 일반적으로 사용하고 있는 스테인리스는 크롬이 18퍼센트, 니켈이 8퍼센트 포함되어 있기 때문에 18-8 스테인리스강이라고 하는데, 여기서 크롬의 역할이 매우 중요합니다.

녹은 본래 공기 중의 산소와 화학반응을 하여 금속이 산화되어 생기는 것입니다. 크롬 산화물은 상당히 튼튼하며 산소에 강합니다. 그래서 스테이리스 표면을 크롬 산화막으로 감싸두면 녹에 강해집니다. 이것이 출하 직후의 스테인리스입니다.

스테인리스 제품을 사용하다 보면 표면에 흠집이 생길 수 있는데 이런 경우도 아무 문제없습니다. 왜냐하면 스테인리스 안의 크롬이 먼저 녹이

||| 출하 직후의 스테인리스 |||

스테인리스의 표면에 크롬 산화 피막이 생깁니다. 이것이 산소로부터
내부를 보호해 줍니다.

||| 스테인리스의 표면에 흠집이 났을 때 |||

스테인리스의 표면에 흠집이 나면 그 부분에서 스테인리스에 포함되어
있는 크롬이 먼저 산화되어 내부를 피막으로 다시 덮어줍니다. 그래서
약간의 흠집이 생겼다고 해도 내부는 부식되지 않습니다.

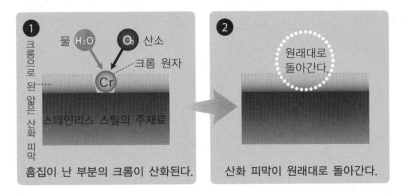

슬어 흠집이 난 표면을 덮어주기 때문입니다. 그래서 약간의 흠집이 생긴다고 해서 스테인리스 본체에 녹이 생기지는 않습니다. 녹으로 녹을 다스린다고 할 수 있습니다.

크롬 산화물과 같이 안정된 산화물을 **부동태**(passivity)라고 합니다. 부동태로 몸을 보호하는 기술은 다양한 금속 가공에 이용하고 있습니다. 예를 들면 창틀에 사용하는 알루미늄 새시는 비바람을 맞아도 녹슬지 않습니다. 알루미늄은 원래 철과 마찬가지로 부식하기 쉬운 금속이지만, 표면을 산화물로 감싸두면 내부의 알루미늄 금속을 보호할 수 있는 것입니다. 이와 같은 알루미늄 제품을 알루마이트라고 합니다. 알루마이트를 만들려면 스테인리스와 마찬가지로 화학적 처리를 하여 표면에 산화 피막을 만듭니다. 하지만 이 상태의 산화 피막에는 구멍이 많이 있습니다. 그래서 고온의 증기를 뿌려서 구멍을 산화막으로 메우는 처리를 하고 있습니다

Technology 039
냉각 팩

사물을 비비거나 때리면 보통은 열이 발생하지만 신기하게도 냉각 팩은 차가워집니다. 이것이 어떻게 가능한 것일까요?

　두손을 마주대고 비비면 열이 발생하는 것이 자연스러운 이치인데, 반대로 차가워진다면 이상한 일입니다. 하지만 그 반대 현상이 일어나는 제품이 있는데, 바로 '냉각 팩'입니다. 팩을 접거나 누르면 열을 흡수하여 차가워집니다.

　팩이 주위의 열을 흡수하는, 즉 '차가워지는' 원리를 이해하려면 이과 지식이 필요합니다.

　화학반응에는 **발열반응**과 **흡열반응**이 있습니다. 보통은 발열반응을 하지만 예외가 있습니다. 예를 들어 소금을 물에 녹이면 그 반대로 흡열반응이 일어납니다.

　흡열반응을 이용한 것이 바로 **냉각 팩(아이스팩**이라고도 함)입니다. 팩 안에는 건조시킨 질산암모늄이나 요소 또는 이 두 약제가 물과 분리되어 들어 있습니다. 팩을 눌러서 으깨면 분리되어 있던 물과 약제가 섞여 서로 녹습니다. 이때 흡열반응이 일어나는 것입니다.

　흡열반응은 물질을 구성하는 원자나 분자가 주위로부터 열에너지를 빼앗아 결합이 풀리어 일어납니다. 고체가 액체로 자연스럽게 바뀔 때 주로 나타나는 현상입니다. 흡열반응은 신기하게 보일지도 모르지만 일상생활에서도 쉽게 찾을 수 있습니다. 예를 들어 청량음료나 박하사탕, 자일리톨 껌 등이 그렇습니다. 먹었을 때 시원함을 느낄 수 있는 이유가 바로 혀

||| 냉각 팩이 열을 흡수한다 |||

냉각 팩 안의 약제에 물이 스며들면 온도가 내려갑니다. '차가워진다'는 것은 주위로부터 열을 빼앗는다는 것입니다.

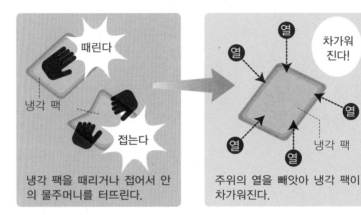

냉각 팩을 때리거나 접어서 안의 물주머니를 터뜨린다.

주위의 열을 빼앗아 냉각 팩이 차가워진다.

||| 흡열반응의 원리 |||

물질이 녹을 때 주위로부터 열을 빼앗는 경우가 있는데, 이것이 전형적인 흡열반응입니다.

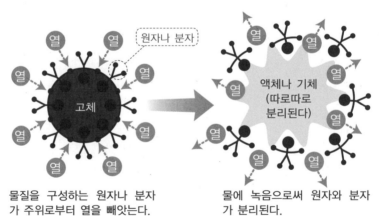

물질을 구성하는 원자나 분자가 주위로부터 열을 빼앗는다.

물에 녹음으로써 원자와 분자가 분리된다.

가 흡열반응을 느끼기 때문입니다.

흡열반응의 원리는 이미 옛날부터 알려져 있어서 아이스크림 제조에 이용되었습니다. 옛날에도 얼음은 있었지만 아이스크림을 만들 수 있을 만큼의 저온(영하 10도 이하) 상태를 만들 수는 없었습니다. 그래서 얼음에 소금을 대량으로 뿌려서 잘 섞은 후 아이스크림이 든 용기를 감싸면 소금과 얼음이 녹을 때 일어나는 흡열반응으로 영하 10도의 상태를 만들 수 있었던 것입니다.

불소수지 가공 프라이팬

불소수지를 코팅한 프라이팬은 잘 눌러 붙지 않으며 후처리도 간단합니다. 과연 어떻게 가공하는 것일까요?

불소수지 가공 프라이팬은 처음에는 **테프론 가공**이라는 이름으로 판매되었습니다. '테프론'이란 미국 듀폰사의 등록 상표인데, '눌러 붙지 않는 프라이팬'으로 인기를 얻어 판매량이 급증했습니다. 기름을 두르지 않아도 달걀부침을 할 수 있고, 기름을 사용하지 않고 고기를 구울 수 있는 등 '건강면'에서도 높은 평가를 받고 있습니다. 불소수지 가공이란 어떤 것일까요?

불소는 원소명으로, 염소와 똑같은 **할로겐 원소**입니다. 일반적으로 할로겐 원소와 탄소가 결합하여 생긴 물질은 안정적입니다. 예를 들어 염화비닐수지는 할로겐 원소인 염소와 탄소로 만들어져 안정적이기 때문에 상하수도관에 사용되고 있습니다. 그중에서도 특히 불소와 탄소로 된 수지, 즉 **불소수지**는 뛰어난 안정성을 갖고 있습니다.

안정성의 비밀을 분자 구조에서 살펴봅시다. 불소수지의 분자 구조는 끈 형태로 연결된 탄소 원자를 불소가 빈틈없이 덮고 있는 형태를 하고 있습니다. 왜냐하면 불소는 원자로서는 작지만 탄소를 서로 끌어당기는 힘이 굉장히 강한 성질이 있기 때문입니다. 불소로 빈틈없이 둘러싸인 탄소 사슬은 다른 물질과 반응할 수 없어 안정된 성질을 갖게 됩니다.

||| 불소수지 가공 프라이팬의 가공법 |||

내열성을 비롯하여 다양한 특징을 갖고 있는 불소수지 가공 프라이팬은 어떻게 만드는 것일까요?

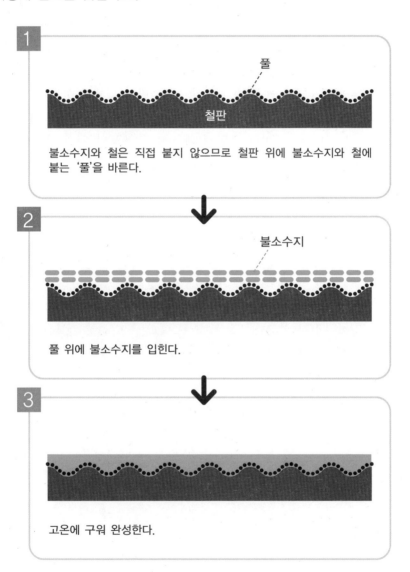

1

풀

철판

불소수지와 철은 직접 붙지 않으므로 철판 위에 불소수지와 철에 붙는 '풀'을 바른다.

2

불소수지

풀 위에 불소수지를 입힌다.

3

고온에 구워 완성한다.

참고로 불소수지 외에 불소를 원료로 하는 대표적인 공업 제품이 바로 프레온 가스입니다. 이것은 탄소와 불소와 염소가 결합한 구조로 되어 있는데, 테프론과 마찬가지로 화학적으로 상당히 안정적입니다. 그래서 냉장고나 에어컨의 냉매로도 이용하지만 자외선이 닿으면 분해되어 생성된 염소가 오존층을 파괴하는 환경 문제를 유발합니다. 최근에는 성능이 개선된 **대체 프레온 가스**를 이용하고 있지만, 이 또한 지구온난화를 초래한다는 이유로 사용을 자제하는 분위기입니다.

여기서는 테프론과 프레온 가스를 설명했지만 이외에도 불소를 포함하는 화합물에는 재미있는 특성이 있는 것들이 있습니다. 기존의 화학제품 분야는 물론, 인공 혈액이나 제암제(制癌劑, 암세포의 이상 증식성이나 핵분열 등에 대하여 억제적으로 작용하는 물질) 등과 같은 의료 분야에서도 주목을 받고 있습니다.

Technology 041
컵라면

인스턴트 라면과 컵라면의 등장은 우리 식문화를 바꿀 정도로 획기적이었습니다.

인스턴트 라면은 1958년 일본에서 처음 나왔습니다. 그로부터 10여 년이 지나 컵라면이 탄생했습니다. 즉석에서 먹을 수 있는 간편함을 앞세워 전 세계적으로 폭발적인 인기를 얻었습니다.

컵라면에는 몇 가지 재미있는 기술이 들어 있습니다. 컵라면에 사용된 가장 중요한 기술은 바로 면을 튀기는 것입니다. 면을 튀기면 수분이 증발되어 저장이 가능하고, 면의 **알파화**(호화)가 촉진되어 '뜨거운 물을 부으면 3분에 먹을 수 있게' 되는 것입니다. 알파화란 녹말이 사람이 소화할 수 있는 상태로 바뀌는 것을 말합니다.

그런데 컵라면은 어째서 꼭 '3분'일까요? 1분에 먹을 수 있는 면도 만들 수 있지만, 그만큼 면이 퍼지는 속도도 빨라집니다. 다시 말해 먹는 동안 면이 퍼져버리는 것입니다. 그렇다고 해서 너무 오래 기다리게 하는 것도 좋지 않습니다. 인간공학적인 경험치로 봤을 때 너무 짧지도 너무 길지도 않은 딱 좋은 시간이 '3분'이라고 합니다. 그래서 컵라면을 기다리는 시간이 3분인 것입니다.

그렇다면 면은 왜 꼬불꼬불한 것일까요? 그 이유는 면을 그대로 튀기면 면끼리 붙어버려 튀긴 후의 상태가 고르지 못하기 때문입니다. 면을 꼬불거리게 하면 면 사이에 틈이 생겨서 균일하게 튀길 수 있습니다.

||| 튀긴 면의 장점

●면 확대도

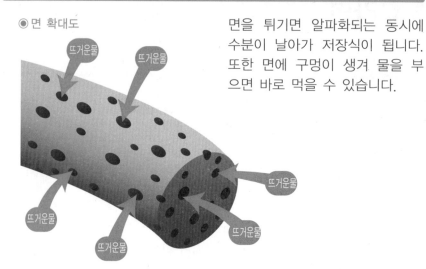

뜨거운물
뜨거운물
뜨거운물
뜨거운물
뜨거운물
뜨거운물

면을 튀기면 알파화되는 동시에 수분이 날아가 저장식이 됩니다. 또한 면에 구멍이 생겨 물을 부으면 바로 먹을 수 있습니다.

||| 물을 침투시키는 기술

높다

면의 밀도

낮다

비어 있음

물이 고르게
퍼진다.

컵라면의 단면도를 보면 물이 고르게 퍼지도록 하기 위해 '바닥 부분이 비어 있는 것'을 알 수 있습니다. 아래쪽 면은 위쪽 면보다 밀도가 낮다는 점에도 주목하기 바랍니다.

컵라면의 용기를 세로로 잘라 봅시다. 그러면 면 아래쪽 부분에 빈 공간이 있으며, 위쪽 면은 촘촘하고 아래쪽은 면이 성겨 있는 것을 알 수 있습니다. 왜 그럴까요? 이렇게 하지 않고 그냥 면을 용기에 넣어 3분 동안 방치하면 중심부까지 뜨거운 물의 열이 전달되지 않습니다. 그래서 뜨거운 물이 대류하기 쉽도록, 즉 뜨거운 물이 고르게 퍼지도록 면 아래에 빈 공간을 만드는 것입니다.

컵라면의 건더기에도 비밀이 있습니다. 1950년대 군대의 휴대용 식량으로 개발된 **'동결건조'**라는 기술이 바로 그것입니다. 열처리를 하지 않아도 되므로 식재료의 풍미가 살아 있습니다.

이와 같이 컵라면에는 다양한 기술이 응축되어 있습니다. 그리고 지금은 튀기지 않는 '논프라이 면'이나 꼬불거리지 않는 '스트레이트 면'도 등장하는 등 날로 발전하고 있습니다.

쿼츠 시계

요즘 시계의 주류인 쿼츠 시계는 스마트폰이나 카 내비게이션 등과 같은 정보기기에 필수불가결한 것입니다.

시계 중에서 역사가 가장 오래된 시계는 **해시계**입니다. 태양이 남쪽 한가운데에 있을 때를 정오로 하여 하루의 시간을 측정했습니다. 비가 오거나 구름이 끼면 사용할 수 없지만 근세까지 가장 정확한 시계였습니다. 시계 바늘이 오른쪽으로 도는 이유는 해시계의 그림자가 오른쪽으로 도는 데서 유래했다고 합니다.

17세기에는 네덜란드의 호이겐스가 획기적인 시계를 발명했는데, 바로 **추시계**입니다. 추시계는 갈릴레오 갈릴레이가 발견한 추의 등시성, 즉 추가 규칙적이고 바르게 왕복하는 특성을 응용한 것으로, 오차는 하루에 10초 정도입니다. 그리고 추의 움직임을 태엽으로 구현한 것이 **기계식 시계**입니다. 이로써 오차는 하루에 몇 초 정도로 줄어들었습니다. 20세기 들어 **쿼츠 시계**가 발명되면서 하루에 불과 0.5초 이하의 오차가 실현됐습니다.

쿼츠 시계의 '쿼츠'라 수정을 말합니다. 수정에는 신기한 성질이 있는데, 바로 힘을 가하면 전압이 발생하고(**압전 효과** 또는 **피에조 효과**라고 함), 반대로 전압을 가하면 고유의 리듬으로 진동합니다(**역압전 효과**라고 함). 이것은 1880년 프랑스의 퀴리 형제(동생 피엘 퀴리의 아내가 퀴리 부인임)에 의해 발견되었습니다.

||| '시계 방향'은 해시계에서 유래 |||

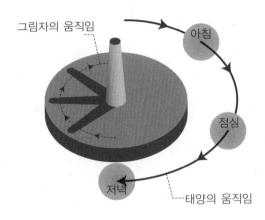

그림자의 움직임

아침

점심

저녁

태양의 움직임

시계 바늘이 오른쪽으로 돈다는 것은 기본 상식이지만, 이것은 고대의 해시계가 북반구에서 발명되었기 때문입니다. 북반구에서는 동쪽에서 뜬 태양이 남쪽 하늘을 통과하여 서쪽으로 집니다. 즉, 그림자가 오른쪽으로 도는 것입니다. 만일 남반구에서 해시계가 발명되었더라면 시계 바늘은 왼쪽 방향으로 돌았을지도 모릅니다.

||| 기계식 시계의 원리 |||

기계식 시계는 전지가 아니라 태엽으로 움직입니다. 용두를 감으면 태엽이 풀어지는 힘으로 태엽 통이 돌고, 그에 맞춰 2번 휠, 3번 휠, 4번 휠, 탈진바퀴가 돌도록 되어 있습니다. 분침이 붙어 있는 2번 휠은 1시간에 1번 회전하고, 초침이 붙어 있는 4번 휠은 1분에 1번 회전합니다.

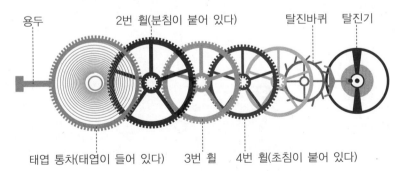

용두

2번 휠(분침이 붙어 있다)

탈진바퀴 탈진기

태엽 통차(태엽이 들어 있다)   3번 휠   4번 휠(초침이 붙어 있다)

||| 수정의 성질 |||

수정에는 힘을 가하면 전압이 발생하는 성질이 있습니다. 이 성질이 발견된 것은 지금으로부터 130년 전의 일입니다.

압전효과
수정에 힘을 가하면 표면에 전기가 발생한다.

역압전효과
수정의 표면에 전압을 가하면 고유의 리듬으로 진동한다.

||| 수정을 사용한 바늘식 쿼츠 시계의 원리 |||

수정이 내는 고유의 진동을 1회/초(즉, 1헤르츠)의 전기신호로 변환하여 스테핑 모터를 돌립니다.

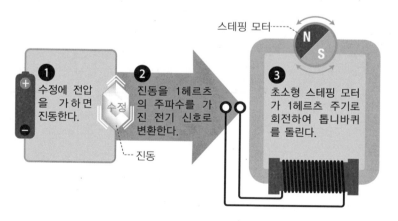

스테핑 모터

❶ 수정에 전압을 가하면 진동한다.

수정

진동

❷ 진동을 1헤르츠의 주파수를 가진 전기 신호로 변환한다.

❸ 초소형 스테핑 모터가 1헤르츠 주기로 회전하여 톱니바퀴를 돌린다.

퀴츠 시계는 이러한 수정의 성질을 이용합니다. 작은 수정 조각에 교류 전압을 가하면 역압전효과에 의해 특정 리듬(1초 동안 약 3만 번)으로 진동합니다. 이 고유의 움직임(**고유 진동**)을 전기신호로 바꾸어 시계의 간격에 이용하는 것입니다.

수정의 고유 진동으로부터 전기신호를 꺼내는 소자를 **수정 진동자**(crystal oscillator, 결정 진동자)라고 합니다. 이것은 현대 사회에서 '산업의 쌀'이라고도 불리는데, 그 이유는 전자기기에 있어 필수불가결한 존재이기 때문입니다. 수정 진동자는 시계뿐만 아니라 컴퓨터나 동작 감지 센서의 중요 부품으로, 휴대전화에는 약 10개의 수정 진동자가 내장되어 있습니다.

시계 이야기로 되돌아가서, 지금은 퀴츠 시계보다 더 정확하게 시간을 재는 시계도 있습니다. 바로 세슘원자시계로, 놀랍게도 오차가 3000만 년에 1초 이하라고 합니다. 원자시계는 표준시를 정하는 전파시계에도 이용하고 있습니다.

파마약

남녀를 불문하고 파마는 헤어 스타일링의 기본입니다. 그런데 파마의 원리에 대해 생각해 본 적이 있을까요?

　파마란 퍼머넌트(permanent, '영구적인'이라는 뜻)의 약자로, 원하는 머리 모양을 오랫동안 유지할 수 있는 미용 기술입니다. 더 이상 파마는 남자들에게도 드문 일이 아닙니다.

　사실 파마의 역사는 100년 정도이지만, 그 원리는 그야말로 화학 교과서라고 할 수 있습니다. 왜냐하면 단백질 분자의 성질을 이론 그대로 이용하고 있기 때문입니다.

　머리카락은 표면을 덮고 있는 모표피(큐티클), 그 안쪽에 머리카락의 주요 부분을 차지하고 있는 모피질(콜텍스), 중심부의 모수질(메듈라) 세 개 층으로 구성되어 있습니다. **큐티클**은 비늘 모양으로 겹쳐져 있는데 모발 표면을 둘러싸 내부를 보호합니다. **콜텍스**는 모발의 탄력과 강도, 부드러움 등과 같은 물리적인 성질, 즉 모질을 좌우합니다. **케라틴**이라는 섬유 모양의 단백질이 일렬로 나열되어 있으며, 파마는 이 케라틴을 대상으로 작용합니다.

　케라틴은 18종류의 아미노산으로 되어 있는데, 그중에서 모발을 특징 짓는 것이 바로 시스틴입니다.

　좀 복잡하지만 시스틴은 아미노산 시스테인 두 개가 **시스틴 결합**이라는 특수한 결합으로 되어 있는데, 이것이 모발의 성질을 결정합니다.

||| 모발의 구조 |||

모발은 표면을 둘러싸고 있는 큐티클, 모발의 대부분을 차지하는 콜텍스, 중심부인 메듈라 세 개 층으로 구성되어 있습니다. 모질을 좌우하는 것은 콜텍스로, 케라틴이 섬유상으로 나열되어 있습니다.

콜텍스를 만드는 모질 세포

케라틴 섬유 : 섬유상으로 나열된 단백질로, 18종류의 아미노산으로 되어 있으며, 그 안의 시스틴이 모발의 성질을 결정한다.

메듈라 : 모발의 중심부에 있는 섬유. 모수질

콜텍스 : 모발의 내부를 형성하는 섬유. 모피질

큐티클 : 모발의 표면에 있는 보호막. 모표피

||| 파마의 원리 |||

머리를 원하는 모양으로 세팅(파마)하려면 시스틴 결합을 리셋한 후 재
결합시키는 2단계 과정을 밟습니다.

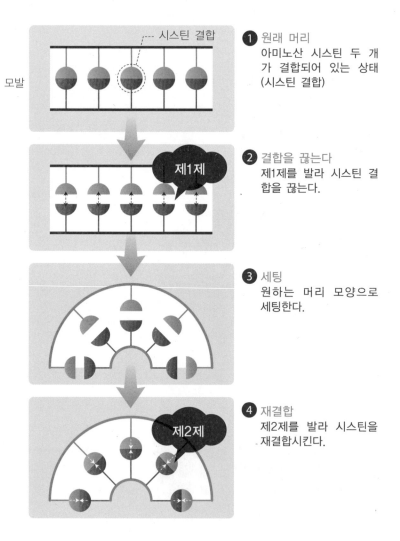

① 원래 머리
아미노산 시스틴 두 개
가 결합되어 있는 상태
(시스틴 결합)

② 결합을 끊는다
제1제를 발라 시스틴 결
합을 끊는다.

③ 세팅
원하는 머리 모양으로
세팅한다.

④ 재결합
제2제를 발라 시스틴을
재결합시킨다.

　따라서 원하는 모양으로 머리를 세팅하려면 먼저 시스틴 결합을 잘라 모양을 리셋한 후에 재결합시키는 2단계를 밟아야 합니다. 머리카락을 구성하는 아미노산을 레고 블록으로 생각하면, 먼저 쌓아올린 블록(원래의 머리 모양)을 따로따로 분리한 후에 다시 구축(세팅한 머리 모양으로)하는 2단계를 밟는 것입니다.

　그래서 파마 약제가 제1제와 제2제(중화제)로 나뉘어 있는 것입니다. 제1제에는 시스틴 결합을 끊는 약제가, 제2제에는 재결합시키는 약제가 들어 있습니다.

　이와 같이 파마를 할 때는 단백질의 화학반응을 이용하고 있습니다. 파마를 자주 하면 시스틴 결합을 끊었다가 재결합해야 하기 때문에 머릿결이 손상되는 것입니다.

만보기

건강에 대한 관심이 높아지면서 만보기가 인기를 끌고 있습니다. 만보기는 자신의 운동 상황을 간편하게 체크할 수 있는 편리한 아이템입니다.

만보기는 한 걸음 걸을 때마다 카운트가 '1'씩 증가하는 장치입니다. 계보기, 보수계 등으로도 불리는 만보기는 사실 YAMASA TOKEI KEIKI 주식회사의 등록 상표명이지만, 일반적으로 그냥 '만보기'라고 부르고 있습니다. 요즘의 만보기는 가방 안에 넣어 두기만 해도 걸음 수를 측정해 주는데, 그 원리는 무엇일까요?

먼저 고전 방식인 **'추 방식'** 만보기의 원리부터 살펴봅시다. 이 만보기는 안에 추가 들어 있어 한 걸음 걸어서 추가 흔들릴 때마다 전기가 통해 카운트가 1 증가하도록 되어 있습니다. 저가에 판매되고 있는 만보기의 대부분은 이 방식을 사용합니다.

추는 **자석 스위치** 기능도 하고 있기 때문에 자석이 다가가면 전원을 켜고 끄는 스위치 역할을 합니다. 이것은 냉장고나 접이식 휴대전화를 열면 전원이 들어가 불이 켜지는 데도 사용됩니다. 그런데 추 방식에는 단점이 있습니다. 추가 지면과 수직이 되도록 허리에 고정시키지 않으면 카운트가 되지 않는다는 점입니다. 그래서 패션에 민감한 여성이나 젊은 사람들은 이 방식을 좋아하지 않습니다. 또한 진동을 카운트하는 방식이므로 걷기 이외의 진동에도 카운트가 되는 등 부정확하다는 단점이 있습니다.

||| 추 방식 만보기의 구조 |||

추가 자석으로 되어 있어 자석이 멀어지고 가까워질 때 리드 스위치가 ON·OFF 되어 전기가 흐릅니다. 이것을 IC가 카운트하는 것입니다. 리드 스위치의 접점 부분은 자성이 있는 금속(철 등)으로 되어 있어 자석이 다가오면 서로 붙고(ON) 자석이 멀어지면 떨어집니다(OFF).

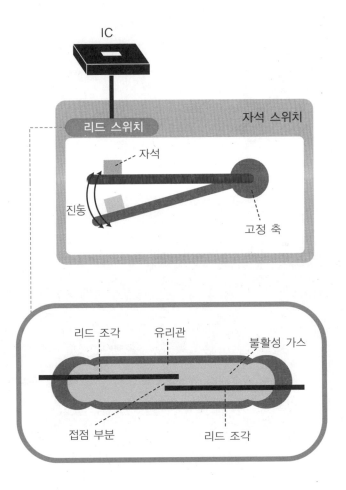

⫼ 가속도 센서 방식 만보기의 구조 ⫼

압전소자가 휘어져서 전압을 발생시킵니다. 마이크로컴퓨터 기능을 갖고 있는 IC가 전압의 변화 패턴으로 보행과 단순한 진동을 구분합니다. 이와 같이 해서 정확한 걸음 수를 측정할 수 있습니다.

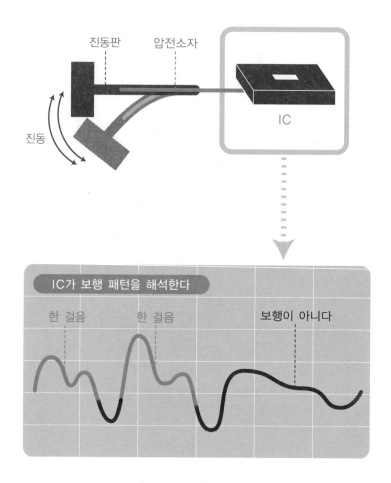

그래서 나온 것이 '**가속도 센서 방식**' 만보기입니다. 이 만보기는 보행
리듬을 마이크로컴퓨터가 판단하여 다른 진동과 구분합니다. 작은 진동
으로도 실제로 걸었는지 아닌지를 구분할 수 있기 때문에 가방 안에 넣어
도 정확하게 측정할 수 있습니다. 지금의 만보기 붐은 이러한 편리함도
한몫하고 있습니다. 가속도 센서에는 보통 **압전소자**를 이용합니다. 이것
은 피에조 소자라고도 부르는데, 힘을 전압으로 변환하는 것입니다. 전압
의 변화를 마이크로컴퓨터가 해석하여 진동이 보행인지 그렇지 않은지를
판단하는 것입니다.

건강 붐을 타고 만보기와 다른 기능을 결합한 상품도 인기가 많습니다.
예를 들어 자동으로 칼로리 소비량을 산출해 주는 것도 있으며, 만보기
기능을 탑재한 휴대전화나 스마트폰도 등장했습니다.

바코드

오늘날 대부분의 상품에는 바코드가 붙어 있습니다. 휴대전화로 정보를 교환할 때 사용하는 QR 코드는 바코드가 발전된 형태입니다.

대부분의 상품에는 흑백의 막대가 인쇄·부착되어 있는데, 이 막대가 바코드입니다. 바코드 아래에 적혀 있는 13자리의 숫자는 흑백 막대 간의 폭을 숫자로 표현한 것입니다. 바코드 리더는 이 막대 모양에 레이저를 비춰 그 반사광으로부터 코드를 식별합니다.

일본에서 판매되는 상품에 붙어 있는 대부분의 바코드는 JAN 코드의 규격에 따르고 있습니다. 국가 코드와 생산자 코드, 상품 품목 코드가 순서대로 코드화되어 있으며, 마지막 한 자리는 체크용으로 사용됩니다.

바코드의 가장 큰 매력은 싸고 다루기 쉽다는 데 있습니다. 상품에 막대 모양을 인쇄하거나 실을 붙이기만 하면 바코드로 이용할 수 있습니다.

바코드는 **POS 시스템**이라는 유통 시스템의 핵심이라고 할 수 있습니다. 상품 정보가 인쇄되어 있는 이 코드 덕분에 가게에 재고가 얼마나 있는지, 어떤 제품이 잘 팔리는지 등을 세세하게 관리할 수 있기 때문입니다. 편의점의 상품 유통이 가능해진 이유도 바코드 덕분이라고 해도 과언이 아닙니다.

||| 바코드의 구조(JAN 코드) |||

JAN 코드는 일본에서 사용되는 바코드, 왼쪽 7자리의 숫자와 오른쪽 6자리 숫자로 되어 있습니다. JAN 코드의 경우 맨 앞의 '4'는 고정입니다. 또한 오른쪽 끝의 숫자는 체크용이므로 데이터로는 사용할 수 없습니다.

*JAN 코드의 예입니다.

||| 유통 시스템의 핵심 'POS 시스템' |||

바코드 덕분에 가게나 공장, 창고에서 상품을 관리하는 것이 수월해졌습니다.

바코드의 단점은 표현할 수 있는 정보의 양이 적다는 점입니다. 겨우 13자리의 숫자 정보로는 오늘날의 복잡한 유통 시스템에 대응하기 어렵습니다. 그래서 지금은 덴소가 개발한 QR 코드를 많이 사용하고 있습니다. 휴대전화 카메라로 이용하고 있는 분도 많을 것입니다. QR 코드는 바코드의 일차원적인 정보를 이차원으로 표현함으로써 비약적으로 많은 정보량을 표현할 수 있습니다. 평면적으로 배치된 바코드는 이외에도 다수 있지만 사용률을 낮습니다.

참고로 책에 붙어 있는 바코드는 **ISBN 코드**를 따르고 있기 때문에 과자 등에 붙어 있는 상품 코드(JAN 코드-13)와는 다릅니다. ISBN 코드는 전 세계적으로 책을 관리하기 위해 만들어진 코드입니다. 또한 **C 코드** 등을 포함한 바코드를 같이 표시하는 경우가 있는데, C 코드는 도서를 분류하기 위한 코드입니다.

Technology 046

선탠크림과 선크림

여름 날 바닷가 등에서 피부를 갈색으로 태우고 싶다면 선탠크림을 발라야 합니다. '선크림'과 혼동하지 않도록 합시다.

한때 피부를 건강하게 태우는 것이 인기였지만 요즘은 하얀 피부가 인기가 많습니다. 유행은 정말 쉽게 바뀌는 것 같습니다. 그래도 여름 날 바닷가에 어울리는 것은 시대를 막론하고 적당히 태운 갈색 피부일 것입니다. 그러나 태양의 자외선에 지나치게 노출되면 피부가 손상됩니다. 이때 사용하는 것이 바로 **선탠크림**입니다.

그런데 '선탠크림을 발랐는데 전혀 타지 않았다'는 이야기를 들어 본 적이 있을 것입니다. 그 이유는 선크림과 혼동했기 때문입니다. '탠'이라는 단어가 들어 있는지 없는지에 따라 효과가 전혀 다릅니다.

선탠크림과 선크림의 차이를 이해하기 위해 먼저 태양으로부터 나오는 자외선의 성질을 살펴봅시다.

자외선이란 빛보다 파장이 짧은, 즉 에너지가 강한 전자파인데, 성격에 따라 UV-A, UV-B, UV-C 세 종류로 나눌 수 있습니다. C는 대기권에서 차단되어 지상에 도달하지 않기 때문에 일상생활에서 고려해야 할 것은 A와 B 두 종류입니다.

B는 파장이 더 짧고 강렬하며 유해하기 때문에 피부염(선번)을 일으킵니다. A는 파장이 길고 부드러워서 피부를 태웁니다(선탠). 건강한 갈색 피부는 태닝된 피부입니다. '선탠크림'은 B는 막고 A만 통과시키는 크림입니다.

||| 태양광선 파장의 구분

태양의 자외선은 UV-A, UV-B, UV-C 세 종류로 나눌 수 있습니다.
C는 대기권에서 흡수되므로 일상생활에서는 A와 B만 생각하면 됩니다.

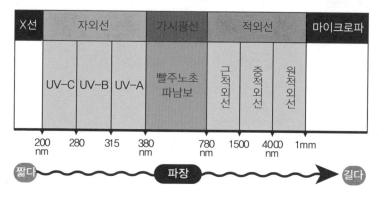

||| 선탠크림과 선크림의 차이

선탠크림은 UV-B만 차단하고, 선크림은 UV-A와 UV-B를 둘 다 차단합니다.

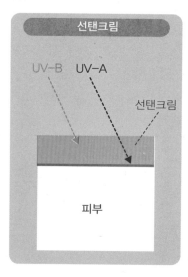

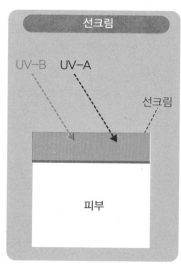

190

한편 선크림은 A와 B를 둘 다 차단하는 크림으로, 보통 자외선 차단제라고 합니다.선탠크림이나 선크림이라고 해도 제품에 따라 효능이 다릅니다. 그 효능을 분류한 것이 바로 **SPF**나 **PA**로 표시되는 지표입니다. SPF는 UV-B, PA는 UV-A를 차단하는 효과를 나타낸 것입니다.

SPF는 50까지의 수치로, PA는 +, ++, +++, ++++ 네 단계로 표시합니다. 모두 수가 클수록 차단 효과가 큽니다. 또한 바르는 방법에 따라 효과가 크게 달라지기도 하므로 설명서에 따라 꼼꼼히 바르는 것이 중요합니다.

참고로 UV-A는 일 년 내내 내리쬡니다. 또한 구름이나 유리를 통과하기 때문에 흐린 날이나 실내에 있을 때에도 피부에 영향을 주므로 자외선에 약한 사람은 주의하기 바랍니다.

날개 없는 선풍기

2010년에 다이슨이 '날개 없는 선풍기'를 선보여 큰 주목을 받았습니다. 날개가 없기 때문에 안전하고 바람의 기복이 적습니다.

날개가 없다고는 해도 실제로는 받침대 부분(기둥 부분)에 팬이 숨겨져 있습니다. 여기서 공기를 빨아들여 위쪽으로 보내고, 그 공기는 상부(날개 없이 뚫려 있는 동그란 부분)에 있는 작은 틈에서 앞 방향으로 주위의 공기를 끌어들여 양을 증폭시킨 '바람'을 내보내는 것입니다.

여기에는 항공기에 사용되는 유체역학 '코안다 효과(Coanda Effect)' 기술을 활용하고 있습니다. 더 이상 기술 개선의 여지가 없다고 여겨지던 선풍기는 다이슨의 기술 혁신으로 '사물이 생활을 윤택하게 한다'는 새로운 일례를 제시한 것입니다.

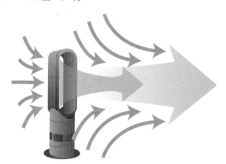

제4장

교통수단의
대단한 기술

비행기나 고속철도와 같은 친숙한 교
통수단부터 리니어 신칸센, 전기자동
차, 자율주행과 같은 차세대 기술까
지. 교통수단에 숨어 있는 비밀은 무
엇일까요?

비행기

쇳덩어리에 지나지 않는 비행기는 어떻게 하늘을 나는 것일까요? 이상하게 들리겠지만 비행기가 나는 원리를 완벽하게 설명할 수 있는 정설은 없다고 합니다.

비행기를 가까이서 보면 '이런 금속 덩어리가 어떻게 나는 것일까' 신기할 것입니다. 비행기가 나는 메커니즘을 살펴봅시다.

비행기가 나는 원리에 가장 근접한 정설로는 **베르누이의 법칙**을 사용한 설명입니다. 이 법칙에 따르면 유선상에서 유체의 운동 에너지와 압력의 합은 일정합니다. 즉, 유체가 빨리 운동하면 압력이 작아진다는 뜻입니다. 날개의 모양은 위로 부풀어 오른 비대칭 형태를 하고 있기 때문에 유체는 날개 위쪽이 더 빠릅니다. 그래서 날개 위쪽의 압력이 줄어들어 날개를 밀어 올리는 힘(**양력**)이 작용하는 겁니다.

이 설명의 기초가 되는 베르누이의 법칙은 **완전유체**에서는 성립됩니다. 완전유체란 점성이 없고 소용돌이가 발생하지 않는 유체를 말합니다. 하지만 실제로는 점성이 있고 소용돌이가 발생합니다. 전선에 강한 바람이 닿으면 '휘익' 하는 소리가 나는 이유는 소용돌이 때문입니다. 따라서 베르누이의 법칙만으로 비행기가 나는 원리를 설명하기는 어렵습니다. 실제로 직선 형태의 날개를 가진 종이비행기가 나는 것도 이 법칙으로는 설명할 수 없습니다.

||| 비행기의 날개와 베르누이의 법칙 |||

비행기의 날개는 위쪽이 부풀어 오른 모양을 하고 있기 때문에 날개 위쪽 바람의 흐름이 빨라집니다. '베르누이의 법칙'에 따라 아래쪽보다 공기의 압력(기압)이 더 낮아져서 비행기를 위로 밀어 올리는 '양력'이 발생합니다.

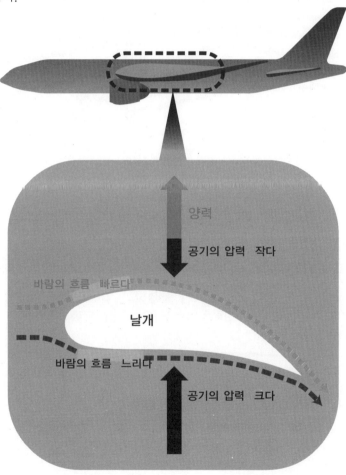

양력

공기의 압력 작다

바람의 흐름 빠르다

날개

바람의 흐름 느리다

공기의 압력 크다

||| 작용 반작용의 법칙이란?

맞바람을 받으면 양력이 생기는 단순한 이론입니다. 공기는 판에 부딪혀서 아래 방향으로 휘어지는데, 이때 반작용의 힘, 즉 양력이 생깁니다.

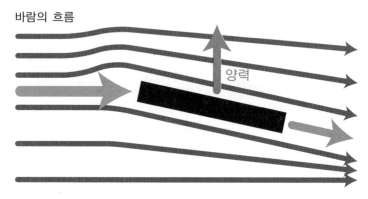

바람의 흐름

양력

||| 소용돌이에 의해 양력이 생긴다!?

날개가 공기를 가를 때 소용돌이가 발생하고, 그 소용돌이에 의해 양력이 생긴다고 합니다. 단, 소용돌이는 카오스 현상으로, 정확하게 계산하기 힘듭니다.

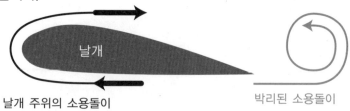

날개

날개 주위의 소용돌이

박리된 소용돌이

그래서 다음과 같은 설명도 있습니다. 평평한 판이 공기의 흐름에 대해 앙각을 가지고 놓여 있으면 공기는 그 판의 방해를 받아 아래쪽으로 휘어집니다. 그러면 작용 반작용의 법칙에 의해 판은 반대 방향의 힘, 즉 양력을 얻게 됩니다. 그 힘으로 비행기가 나는 것이라는 설입니다. 하지만 실제 비행기 날개는 평평하지 않고 위로 부풀어 오른 모양을 하고 있기 때문에 이 설명으로는 비행기 날개가 공기 중에서 수평으로 움직일 때 양력을 얻는다는 사실을 설명할 수 없습니다.

근래에는 날개가 공기를 가를 때 발생하는 소용돌이에 의해 양력이 생기는 '소용돌이'설도 등장했습니다. 실제로 비행기가 나는 것은 이 소용돌이가 원인이라고 알려져 있습니다. 하지만 소용돌이 이론은 카오스 이론 중 하나로, 최신 컴퓨터로도 정밀하게 계산할 수 없기 때문에 정확한 공기의 흐름은 이론적으로는 알 수 없습니다.

결론적으로 비행기가 나는 원리는 이러한 설명이 모두 합쳐진 것으로 봐야 타당한 것입니다. 우리는 원리를 완전히 설명할 수 없는 괴물을 타고 여행을 즐기고 있다고도 할 수 있습니다.

Technology 048
신칸센

일본의 고속철도인 신칸센의 선두 차량은 입이 튀어나온 오리 모양을 하고 있는데 여기에는 무슨 뜻이 있을까요? 초기 모델의 '주먹코*'는 왜 사라졌을까요?

   2012년 3월 일본 신칸센의 초대 모델인 '노조미' 차량(300계열이라고 함)이 은퇴했습니다. 신칸센은 기술 혁신과 함께 급속히 변천되어 왔지만 최근의 신칸센을 보면 모두 오리 얼굴을 하고 있습니다.

   오리 모양의 얼굴을 채택한 이유에는 물론 속도 문제도 있지만, 그 이상으로 중요한 이유는 터널 때문입니다. '주먹코'를 한 옛날의 신칸센인 '히카리'는 시속 300킬로로 터널 안에 들어가면 터널 출구에서 '쿵' 하는 폭발음을 냅니다. 빠져나갈 곳이 없던 공기가 차량의 앞에서 압축되어 충격파로 바뀌어 출구 쪽으로 밀려 뿜어져 나오기 때문입니다. 이것을 **터널 미기압파**라고 하는데 차량이 통과할 때마다 폭발음이 나면 선로 주변의 주민들에게 불편을 끼치게 됩니다. 이러한 소음 문제를 해결한 것이 바로 오리 얼굴인 것입니다.

   터널 미기압파를 없애려면 열차 앞부분의 모양을 뾰족하게 해서 공기가 빠져 나갈 길을 만들면 됩니다. 그래서 나온 것이 끝이 제트기와 같은 모양을 한 500계열이라고 이름 붙여진 '노조미'입니다. 하지만 스마트함을 얻은 대신 차폭이 좁아진다는 단점이 있어서 철도 팬에게는 인기가 있었지만 사업자들은 불평이 많았습니다.

＊주먹코 : 경단 같이 둥그런 코

||| 터널 안 미기압파가 폭발음을 야기한다!? |||

차량이 터널 안으로 들어가면 갈 곳을 잃은 공기가 차량 앞에서 압축되어 충격파가 되어 출구 쪽으로 밀려 뿜어져 나옵니다. 이것이 폭발음을 일으킵니다.

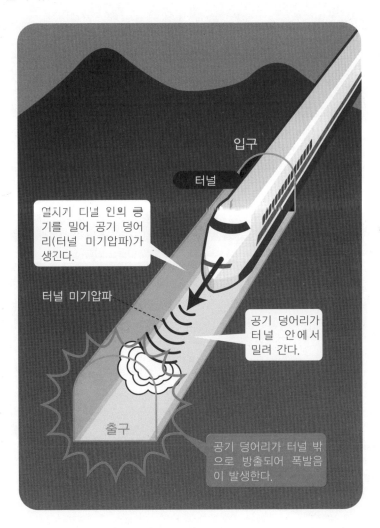

입구

터널

열지기 디널 인의 콩기를 밀어 공기 덩어리(터널 미기압파)가 생긴다.

터널 미기압파

공기 덩어리가 터널 안에서 밀려 간다.

출구

공기 덩어리가 터널 밖으로 방출되어 폭발음이 발생한다.

||| 300계열과 500계열 |||

시대와 더불어 발전해 온 일본의 신칸센. 300계열과 500계열을 소개하겠습니다.

300계열 신칸센
초대 '노조미'로, 실제 영업 운전에서 시속 300km를 넘었지만 은퇴했다.

500계열 신칸센
비행기와 같이 열차 선두부가 스마트하지만 좁다는 단점이 있다.

||| 700계열에 채택된 에어로 스트림 |||

열차 선두부가 오리 입 모양을 하고 있는데, 이는 컴퓨터 시뮬레이션과 풍동 실험 등 다양한 연구를 거듭한 끝에 탄생했습니다. 공기의 흐름을 흩뜨리지 않고 소음의 원인이 되는 소용돌이 발생을 억제하는 데 성공했습니다. 현재는 더욱 개선된 '에어로 더블 윙' 형태를 채택하고 있습니다.

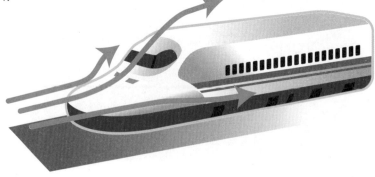

그래서 나온 것이 700계열의 '노조미'입니다. 사이드를 깎아 열차 선두부 디자인을 오리 입처럼 평평하게 만듦으로써 터널에 들어갔을 때 공기가 입 양쪽으로 빠져나갑니다. 이렇게 해서 터널 미기압파의 발생을 억제할 수 있는 것입니다. 선두가 평평해진 덕분에 열차의 폭을 넓힐 수 있어 좁은 차폭 문제도 해소되었습니다.

이와 같이 오리 입 모양을 한 것을 **에어로 스트림**이라고 하는데, 최신 신칸센 차량은 이를 더욱 발전시킨 **에어로 더블 윙**이라는 형태로 더 세련되어졌습니다. 신칸센의 속도가 더욱 빨라짐에 따라 '오리 입'도 한층 개선될 것입니다.

리니어 신칸센

일본 JR 도카이는 2027년에 리니어 신칸센의 개통을 목표로 전력을 다하고 있습니다. 리니어 모터라는 동력원은 이미 실용화되어 있습니다.

2012년 일본 JR 도카이가 리니어 중앙 신칸센 계획을 실행에 옮겼다고 발표했습니다. 도쿄~오사카 간을 1시간에 잇는 '리니어 모터 추진 부상식 철도'에 대한 연구가 시작된 것은 1962년의 일입니다. 실로 반세기가 지나서야 결단을 내린 것입니다.

모두 알고 있듯이 리니어 신칸센은 '리니어 모터'를 동력원으로 하는 '자기부상 방식'을 채택한 점이 특징적입니다.

리니어 모터란 이름 그대로 직선 모양(리니어, linear)의 모터를 말합니다. 사람이 일렬로 줄을 서서 짐을 손으로 옮기는 것과 비슷한 운반 방식을 실현해 주는 모터입니다. 차량에 탑재되어 있는 자석과 주행로(가이드웨이) 양쪽 벽에 줄지어 붙어 있는 '추진 코일'이 동기화되어 추진력을 얻습니다. 예를 들어 차량 선두의 S극이 다가가면 그 앞의 추진 코일이 N극이 되도록 전류를 내보내 자석이 서로 당기는 힘으로 가속하는 것입니다.

리니어 모터를 동력원으로 하는 철도가 결코 참신한 것은 아닙니다. 예를 들어 도쿄의 지하를 달리는 도에이 지하철 오에도선은 리니어 모터로 달리고 있습니다. 차체가 작기 때문에 터널 단면적을 줄일 수 있어 건설 비용이 절약됩니다. 이런 이유로 최근에 설계된 지하철에는 리니어 모터를 동력원으로 채택하는 철도가 많습니다.

||| 전자석에 의한 추진의 원리 |||

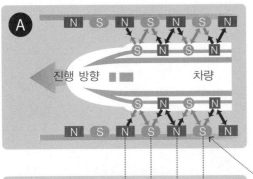

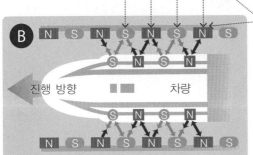

주행로의 코일에 교류를 흐르게 하면 A와 B처럼 전자석의 극성이 바뀝니다. 그러면 차체의 자석과 반응하여 차체가 앞으로 전진합니다.

전자석의 극성이 바뀐다
⬌ 서로 반발한다
→ ← 서로 끌어당긴다

||| 단순화한 자기부상의 원리 |||

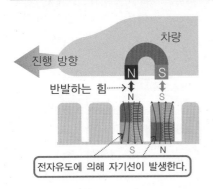

전자유도에 의해 자기선이 발생한다.

차체에 강력한 초전도 자석을 부착하고 주행로에는 코일을 일정 간격으로 부설합니다. 차체가 코일에 다가가면 차체의 자석이 주행로의 코일에 전자유도를 일으켜 코일을 전자석으로 만듭니다. 이 전자석과 차체의 초전도 자석이 만드는 반발력으로 차체가 뜹니다.

||| 부상 · 안내 코일이 차량을 부상시킨다 |||

리니어 신칸센에는 열차를 뜨게 하는 자력이 발생하도록 주행로(가이드 웨이) 측면에 부상·안내 코일이, 열차의 측면에는 추진용 초전도 자석이 배치되어 있습니다. 이와 같이 배치하면 차체가 옆으로 흔들렸을 때 차체를 원래로 되돌리는 힘이 코일에 발생합니다.

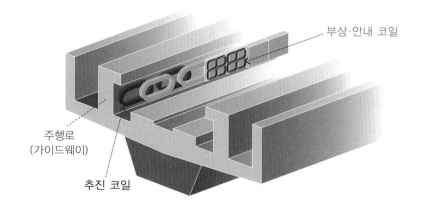

부상·안내 코일

주행로
(가이드웨이)

추진 코일

||| 리니어 신칸센의 자기부상 |||

8자 모양의 부상·안내 코일에 발생한 전류는 위쪽과 아래쪽에서 흐름이 반대로 되어 각각 반대 방향의 자장이 발생합니다. 위쪽에서 끌어당기는 힘과 아래쪽의 반발하는 힘에 의해 차체가 뜨는 것입니다.

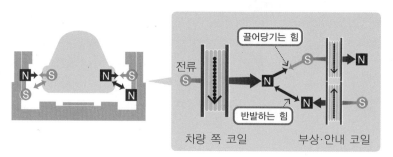

끌어당기는 힘

전류

반발하는 힘

차량 쪽 코일

부상·안내 코일

다음은 **자기부상 방식**을 살펴봅시다. 리니어 신칸센의 원리는 상당히 복잡하므로 원리를 단순화해 설명한 203쪽의 아래 그림을 참조합시다. 부상의 원리는 전자유도의 법칙을 이용하고 있습니다. 즉, 차량의 자석이 다가가면 주행로 위의 코일에 전류가 흘러 전자석이 되는데, 이때 차량의 자석 사이에 반발력이 발생합니다. 이 힘으로 차량을 띄우는 것입니다.

리니어 신칸센을 현실화한 숨은 공로자는 '초전도 자석'과 '부상·안내 코일'의 절묘한 배치입니다. **초전도 자석**은 적은 전력으로 강력한 힘을 발휘합니다. 또한 8자 모양으로 반전시킨 **부상·안내 코일**을 측벽에 배치하면 차체의 추진용 초전도 자석을 부상력에 이용할 수 있어 옆으로 흔들리는 것에 대해서도 안정성을 가집니다.

전기자전거

전기의 힘으로 주행을 도와주는 '전기자전거'는 현대기술의 집대성이라 할 수 있습니다.

1993년 일본에서 전기자전거가 첫선을 보인 이래 매년 매출이 늘고 있습니다. 면허가 필요 없고 기존의 자전거처럼 간편히 탈 수 있어 큰 인기를 끌었습니다.

전기자전거는 다양한 현대기술이 집대성된 결과물이라고 할 수 있습니다. 오르막길에서 페달을 밟는 힘을 도와주는데, 그 힘을 제공하는 전동모터는 가볍고 작습니다. 이것이 가능해진 것은 희토류(rare earth)를 이용한 네오디뮴 자석 덕분입니다. 더욱이 이 모터에 전력을 공급하는 것은 성능 좋은 리튬이온전지(260쪽)입니다.

그야말로 전기자전거는 현대기술의 정수를 모두 모아서 만든 쾌적한 이동수단인 것입니다.

또한 고기능 전기자전거에는 발전 기능이 탑재되어 있어 내리막길에서 충전을 할 수 있습니다. 마치 사람이 엔진 역할을 하는 하이브리드 자동차와 비슷합니다.

그런데 전기자전거는 **오토바이**가 아닙니다. 왜냐하면 도로교통법의 제한이 있기 때문입니다. 전기자전거는 법률상 '사람의 힘을 보조하기 위한 원동기를 사용하는 자전거'로 규정되어 있습니다. 그러므로 사람의 힘을 보조하는 것 이상의 원동기를 탑재하면 안 됩니다.

||| 전기자전거의 주요 구조 |||

드라이브 유닛에는 모터와 토크 센서, 제어 유닛이 내장되어 있습니다.
모터가 앞바퀴에 있는 타입 등 아래 그림 이외의 구조도 있습니다.

||| 보조하는 힘의 변화 |||

제어 유닛은 속도 센서와 토크 센서로부터 주행 조건을 판단하여 적절
한 전류를 모터에 보내 보조하는 힘을 변화시키도록 프로그램되어 있습
니다.

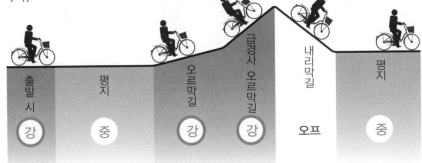

크랭크 축에 토크(회전축에 걸리는 힘)를 감지하는 토크 센서가 내장되어 있습니다. 토크 센서와 속도 센서의 정보를 바탕으로 제어 유닛은 적절한 전류를 모터에 내보냅니다.

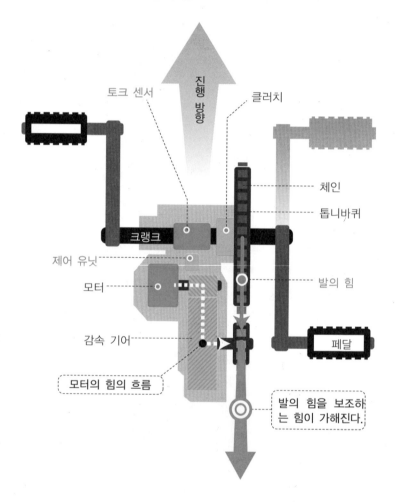

여기서 '사람의 힘을 보조하는 것'의 의미를 좀 더 자세히 설명하겠습니다. 예를 들어 시속 10킬로 이하에서는 사람의 힘을 1이라고 하는 경우 최대 2까지 보조할 수 있습니다. 또한 시속 24킬로를 넘으면 보조를 해서는 안 된다는 규정도 있습니다. 그래서 페달을 처음 밟았을 때의 낮은 속도에서는 많이 보조하고 어느 정도 속도가 나면 보조를 하지 않도록 정해져 있습니다.

이와 같은 섬세한 튜닝을 실현하려면 페달을 밟는 힘이나 주행 속도를 감지하는 센서가 필요합니다. 또한 이들 정보를 바탕으로 모터를 컨트롤하는 제어용 컴퓨터도 필수입니다. 이러한 기술들이 맞물려 지금의 전기 자전거가 존재하는 것입니다.

요트

비행기 시대라고는 해도 물 위를 항해하는 요트는 가슴을 뛰게 하는 무언가가 있습니다. 요트는 왜 맞바람일 때도 앞으로 나아가는 것일까요?

넓은 바다를 항해하는 요트의 늠름한 모습을 보면 왠지 설렙니다. 바람에 큰 돛을 부풀리며 유유히 달리는 모습은 예로부터 많은 사람의 마음을 빼앗았습니다.

요트는 크게 **딩기**와 **크루저**로 나눌 수 있습니다.

딩기는 캐빈(선실)이 없는 소형 요트로, 일반적으로 한두 사람이 조종합니다. 따라서 가까운 바다에서 수상 레저를 즐기는 데 적합합니다. 한편 크루저에는 캐빈이 있어 잠을 잘 수 있는 설비가 딸려 있으므로 먼 바다에서 항해를 즐기기에 안성맞춤입니다.

요트는 바람이 불고 있기만 하면 목적지로 배를 항해할 수 있습니다. 신기하게도 맞바람이 불어도 앞으로 나아갈 수 있습니다.

그 원리를 알아보기 위해 먼저 돛이 바람으로부터 받는 힘을 살펴봅시다.

돛이 바람으로부터 받는 힘을 간단히 이해하기 위해 바람이 공기 분자의 모음이고, 그 분자가 테니스공이라고 생각해 봅시다. 그러면 돛에 바람이 어떻게 부딪혀도 돛이 바람으로부터 받는 힘은 돛의 면에 대해 수직이 된다는 것을 알 수 있습니다. 이것을 항상 염두에 두면 바람에 대해 어떤 각도로 돛을 펴야 할지를 이해할 수 있습니다.

||| 요트의 종류 |||

한 마디로 요트라고 해도 다양한 크기와 형태가 있지만, 크게 딩기와 크루저로 나눌 수 있습니다.

딩기

크루저

캐빈(선실)이 없는 소형 요트로 1~2명이 조종한다.

캐빈이 있는 대형 요트로, 잠을 잘 수 있는 설비가 딸려 있다.

||| 돛이 바람으로부터 받는 힘 |||

돛이 바람으로부터 힘을 받는 원리에 대해서는 여러 개념으로 설명할 수 있습니다. 여기서는 돛을 단순한 판으로 생각하고 바람을 받는 힘을 그림으로 살펴봅시다. 그림 모두 돛에 수직 방향의 힘을 얻습니다.

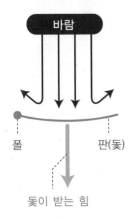

폴　　판(돛)

돛이 받는 힘

돛이 받는 힘

돛이 받는 힘

옆에서 부는 바람이나 맞바람의 경우 요트는 뱃바닥의 항력을 능숙하게 이용합니다.

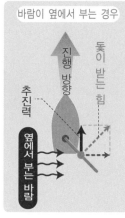
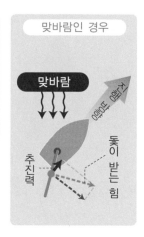

||| 태킹의 원리 |||

맞바람을 맞으면서 요트를 앞으로 나아가게 하려면 바람에 대해 지그재그로 나아가면 됩니다. 이러한 항해 기술을 태킹이라고 합니다.

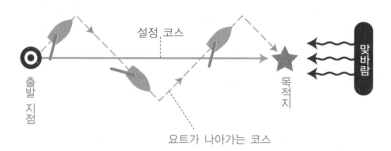

212

순풍일 때는 뱃머리를 목적하는 방향으로 향하게 하고 돛을 바람이 부는 방향에 대해 직각으로 펴면 됩니다. 바람이 옆에서 불어 올 때도 뱃머리를 목적하는 방향으로 두지만, 돛은 뒤로 돌려 바람의 방향과 45도가 되도록 비스듬하게 폅니다. 그러면 뱃머리 방향으로 향하는 힘을 얻을 수 있습니다. 문제는 맞바람의 경우인데, 이때는 뱃머리를 목적하는 방향에서 조금 비스듬하게 돌리고 돛을 뒤로 돌려 뱃머리 방향의 힘을 얻을 수 있도록 합니다. 하지만 이 상태로는 목적지로부터 비스듬하게 멀어져 버리므로 **태킹**(tacking)이라는 기법을 사용하여 지그재그로 조종해서 목적지로 향하도록 합니다.

실제의 바람은 좀 더 복잡하기 때문에 위의 설명처럼 단순하지 않습니다. 이 점이 요트의 묘미이기도 합니다. 자신이 조종하는 요트의 특성과 바람의 성질을 잘 이용해야 비로소 요트는 물 위의 훌륭한 '예술품'이 되는 것입니다.

하이브리드 자동차와 전기 자동차

환경문제와 석유 고갈문제가 맞물려 연비가 좋고 에너지를 절약할 수 있는 자동차가 인기를 끌고 있습니다. 그 원리를 살펴봅시다.

하이브리드(hybrid)란 본래는 '잡종'이라는 뜻이지만, 서로 다른 것을 섞은 것(혼종)을 나타낼 때 사용합니다. 하이브리드 자동차는 기존의 엔진과 전기 모터를 결합시켜 둘의 장점을 활용하는 구동 방식을 가진 자동차를 말합니다. 모터용 배터리는 엔진으로 충전할 수 있기 때문에 외부 충전이 필요 없습니다. 또한 감속 시의 제동력을 전기 발전에 이용할 수 있으므로 연비가 상당히 좋습니다.

하이브리드 차에는 몇 가지 종류가 있습니다. 다음 페이지는 패럴렐 방식, 시리즈 방식, 시리즈·패럴렐 방식 각 유형의 구조를 설명한 것입니다.

2012년 들어 일본의 도요타가 **플러그인 하이브리드**라는 새로운 하이브리드 자동차를 내놓았습니다. 이 자동차는 기존보다 더 강력한 전지(리튬이온전지)를 탑재하여 가정에서만 충전한 배터리로 집 근처 마트를 가는 등 일상생활의 반경을 주행할 수 있습니다.

하이브리드 방식보다 환경에 더 좋다고 여겨지는 것이 **전기자동차**입니다. 원리는 전기로 움직이는 장난감 자동차와 똑같습니다. 하지만 장거리 사용에 견딜 수 있는 저가의 배터리 개발이 늦어지고 있기 때문에 실용화까지는 좀 더 시간이 필요할 것 같습니다.

||| 하이브리드 자동차의 세 가지 방식 |||

하이브리드 자동차에는 크게 패럴렐 방식, 시리즈 방식, 시리즈·페럴렐 방식 세 종류가 있습니다. 각각의 특징을 살펴봅시다.

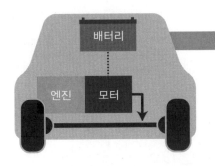

페럴렐 방식

엔진이 연료를 많이 필요로 하는 발차·가속 시에 모터의 힘을 이용하여 연료를 절약합니다.
메인은 엔진
모터는 보조

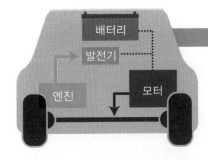

시리즈 방식

엔진을 발전기의 동력으로 사용하여 모터의 힘만으로 달립니다. 동력 구조는 전기 자동차와 똑같습니다.
메인은 모터
엔진으로 발전

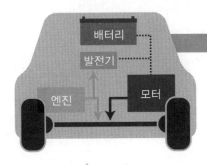

시리즈·페럴렐 방식

발차나 저속 시는 모터만으로 달리고, 속도가 올라가면 엔진과 모터로 파워를 효율적으로 분담합니다.
모터와 엔진이 파워를 분담

컨트롤러는 액셀 페달과 연동되어 배터리로부터 오는 전류를 조절하여 모터의 출력을 제어합니다. 제동 시에는 그 힘을 이용하여 차량에 탑재된 충전 장치를 작동시켜 발전하고 배터리에 충전합니다.

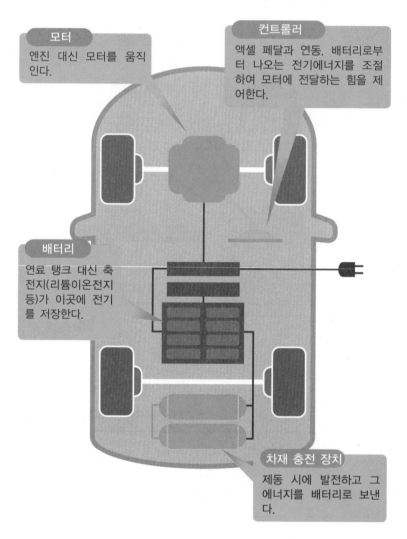

모터
엔진 대신 모터를 움직인다.

컨트롤러
액셀 페달과 연동. 배터리로부터 나오는 전기에너지를 조절하여 모터에 전달하는 힘을 제어한다.

배터리
연료 탱크 대신 축전지(리튬이온전지 등)가 이곳에 전기를 저장한다.

차재 충전 장치
제동 시에 발전하고 그 에너지를 배터리로 보낸다.

'전기자동차의 전기는 발전소에서 만드니까 석유를 태우는 엔진 자동차와 환경 부하는 똑같다'는 비판도 있지만 잘못된 생각입니다. 왜냐하면 엔진 자동차의 열효율은 겨우 20퍼센트인 반면, 화력발전소는 40퍼센트를 넘습니다. 송전 손실 등을 감안한다고 해도 전기자동차가 에너지 효율이 더 높습니다. 또한 개별 자동차에 대한 환경 대책에는 한계가 있지만 발전소에서는 보다 조직적으로 확실한 환경 대책을 세울 수 있습니다. 풍력이나 태양광 등 클린 발전을 이용한다면 전기자동차는 이산화탄소 배출이 제로인 교통수단이 될 것입니다.

단, 전기자동차의 발전을 마냥 기뻐할 수 없는 사람들도 있습니다. 왜냐하면 전기자동차는 일반 자동차보다 부품 수가 3분의 2 정도로 적기 때문에 일반 자동차만큼 제조 인력이 필요 없습니다. 그래서 정리해고 등으로 인한 공장 폐쇄와 같은 사태가 일어날 우려가 있습니다.

자율주행

자동차 사고의 90퍼센트가 운전자의 실수로 인한 것이라고 합니다. 이 문제를 해결할 비장의 카드가 바로 자율주행입니다.

교통사고는 인지 실수, 판단 실수, 조작 실수와 같은 운전자의 실수에 기인하는 것이 대부분입니다. 이 문제를 해결할 수단이 바로 **자율주행**으로, 고령화 사회에서 이동 문제의 해결책으로도 주목을 받고 있습니다.

자율주행의 정의는 다양합니다. 자율주행 레벨은 현재 미국의 비영리 단체인 SAE(Society of Automotive Engineers)가 제정한 레벨 0~5까지의 6단계가 많이 사용되고 있는데, 레벨 3 이상은 '운전 조작의 책임이 차량에 있다'는 것을 기억해 두기 바랍니다. 2017년 7월에는 독일의 아우디가 세계 최초로 레벨 3을 지원하는 자율주행 기능을 탑재한 시판차를 발표해 주목을 받았습니다.

자율주행에는 자동차의 눈과 귀가 되어줄 **검지 기능**이 필요합니다. 때문에 이를 지원하는 전자부품을 만드는 제조업체에게는 큰 비즈니스 기회입니다.

또한 자율주행의 실현에는 정밀도가 높은 위치 정보가 필수불가결합니다. 일본의 경우 2017년에 4번째로 올라간 준텐초 위성 '미치비키'는 불과 몇 센티의 오차로 위치 특정을 가능케 한다고 합니다(224쪽 참조). 이러한 위성은 자율주행을 실현하는 데 큰 도움이 될 것입니다.

||| SAE의 자율주행 레벨 |||

미국의 비영리단체인 SAE는 자율주행의 레벨을 다음과 같이 6단계로 정하고 있습니다.

레벨 0	운전자가 모든 것을 조작한다.
레벨 1	운전자를 때때로 지원하면서 몇 가지 운전 조작을 실시한다.
레벨 2	몇 가지 운전 조작을 실시할 수 있지만 운전자가 그것을 감시한다.
레벨 3	몇 가지 운전 조작을 실시하지만 운전자는 제어에 임할 준비가 필요하다.
레벨 4	주간이나 고속도로 등 지정된 조건하에서 모든 운전 조작을 실시한다.
레벨 5	모든 운전 조작을 실시한다.

||| 자율주행에 필요한 기기 |||

자율주행을 실현하려면 감지 기능이나 고정밀도의 위치 정보가 필수적입니다. 센서나 레이더, 카메라가 탑재되어 있는 것도 그 때문입니다.

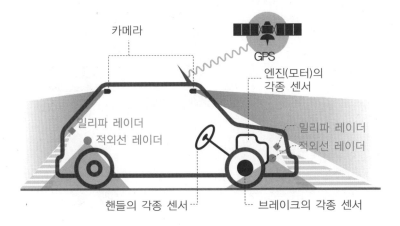

||| 자율주행에는 소프트웨어가 중요 |||

차선 변경이나 추월도 자동으로 조작해
주는 자율주행에는 안전 운전을 '지휘'하
는 소프트웨어의 존재가 중요합니다.

GPS로 현재 위치를
파악하여 지도와 대조

카메라로 흰색 차선을 인식하
고 주행선 안을 자율주행

적외선으로 다른 차량과의 거리를
인식하고 AI가 안전하다고 판단하
면 차선 변경이나 추월을 한다.

||| '광차 문제'의 예 |||

다음 그림과 같이 자동차가 제어
불능 상태일 때 사람조차 판단을
망설이는 경우 AI에게 어떻게 판
단하도록 할 것인가. 이와 같은
문제를 '광차 문제'라고 합니다.

핸들을 꺾으면 장애물에
부딪혀 승객이 죽는다.

AI는 어느
쪽을 선택
할까?

직진하면 보행자를
치어 죽게 한다.

또한 위성의 전파가 닿지 않는 지하도나 건물 안에서도 **정확한 위치 정보**를 얻을 수 있는 시스템도 필요합니다.

무엇보다도 안전운전을 지휘하는 소프트웨어, 특히 **인공지능(AI)**은 전자부품만큼이나 중요합니다. 그래서 이 분야에는 많은 IT 기업이 참여하고 있고 구글 등은 이미 공공도로에서 자율주행 실험을 하고 있습니다.

자율주행의 실현은 사회적으로도 다양한 영향을 미칩니다. 사고가 일어났을 때 누가 책임을 질지에 대한 법률상의 문제 외에도 제어용 소프트웨어가 악의를 가진 해커에게 탈취당하지 않도록 하기 위한 대책을 어떻게 세워야 할지 등과 같은 문제도 있습니다. 더욱이 '광차 문제(trolley problem)'(220쪽 아래 그림)와 같이 사람조차 판단을 내리지 못하는 경우 자율주행의 AI는 어떤 판단을 내려야 할지 등의 문제도 해결해야 합니다.

내비게이션

자동차 주행 시에 이용하는 카 내비게이션은 정말 하이테크 기술들의 결정체입니다. 그 일부를 살펴봅시다.

카 내비(정식으로는 **카 내비게이션 시스템**)는 자동차의 현재 위치를 파악하여 목적지까지 유도해 주는 시스템입니다. 모르는 길을 자동차로 달릴 때 든든한 안내 역할을 해 줍니다.

카 내비가 자신의 위치를 알 수 있는 것은 **GPS**(Global Positioning System) 덕분입니다. GPS는 미군이 아군의 위치를 정확하게 알기 위해 만든 시스템으로, 24개의 위성(GPS 위성)으로부터 오는 전파를 이용합니다. 이 시스템을 이용하여 아무런 표식이 없는 바다 위나 사막에서도 군사 행동을 정확하게 펼칠 수 있습니다. 또 GPS는 순항 미사일의 위치 파악에도 이용됩니다.

카 내비 장치는 이 미군의 GPS 위성 세 개로부터 전파를 받아, 수신 타이밍의 차이를 이용하여 각 GPS까지의 거리를 측정한 후, 삼각 측량의 원리를 이용하여 현재 위치를 산출합니다. 삼각 측량이란 지도 작성에 이용하는 측량법으로 고등학교 때 배우는 삼각함수를 사용합니다.

이와 같이 산출해 낸 현재 위치는 액정 모니터의 지도로 변환되어 표시됩니다. 이 지도는 본체 내부의 메모리(디스크나 플래시 메모리)에 저장된 것을 이용하기 때문에 항상 업데이트해 두지 않으면 정확하지 않을 수 있습니다.

||| 카 내비의 위치 산출 원리 |||

세 개의 GPS 위성으로부터 전파를 받아 수신 타이밍의 차이를 이용하여 GPS까지의 거리를 잽니다. 구한 거리로부터 삼각 측량을 해서 현재 위치를 특정합니다.

||| 준텐초 위성 시스템 |||

일본의 바로 위쪽 궤도에 위치하는 인공위성을 여러 기 결합한 위성 시스템. 기존의 GPS 위성과는 달리, 항상 일본을 내려다보는 궤도에 있기 때문에 일본 내의 산간부나 도심부의 고층 빌딩가 등에도 전파가 도달하여 위치를 알아낼 수 있습니다. 현재의 몇십 미터 정도의 오차를 1미터 정도, 궁극적으로는 몇 센티로 줄이는 것을 목표로 하고 있습니다.

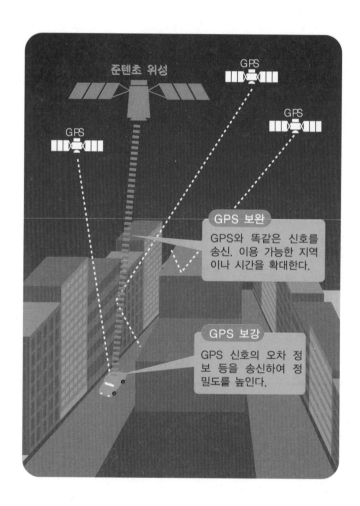

준텐초 위성

GPS

GPS

GPS

GPS 보완
GPS와 똑같은 신호를 송신. 이용 가능한 지역이나 시간을 확대한다.

GPS 보강
GPS 신호의 오차 정보 등을 송신하여 정밀도를 높인다.

 고급 카 내비에는 카 내비 자체가 이동 거리나 진행 방향을 산출할 수 있는 가속도 센서나 자이로 센서가 탑재되어 있어 위성의 전파가 닿지 않는 빌딩가나 터널 등에서도 위력을 발휘합니다.

 GPS로 대표되는 위치 산출 시스템을 일반적으로 **위성항법시스템**이라고 합니다. 일본에서는 **준텐초 위성 시스템**을 실현하기 위해서 2010년부터 이를 위한 위성인 '미치비키'를 순차적으로 쏘아 올리고 있습니다. 이 위성은 항상 일본을 내려다보는 궤도에 위치하여 GPS에 더해 보다 정확한 위치 측정을 가능케 합니다.

 요즘은 스마트폰이 카 내비의 기능을 대체하고 있습니다. 스마트폰은 통신 기지국과의 관계로부터도 위치 정보를 얻을 수 있다는 장점이 있습니다.

Technology 055
쓰레기 수거차

오늘날 우리가 누리고 있는 쾌적한 생활을 뒤에서 지지해 주고 있는 쓰레기 수거차에는 여러 종류가 있습니다.

쓰레기 수거 날 가정에서 나온 쓰레기를 회수해 주는 쓰레기 수거차. 작업자가 쓰레기를 넣으면 회전판이 쓰레기를 안으로 요령 있게 밀어 넣습니다.

쓰레기 수거차의 안은 어떻게 되어 있을까요? 일반적으로 볼 수 있는 '클린 패커 방식' 수거차(약칭 **패커차**)의 원리를 살펴봅시다.

패커차는 주로 태우는 쓰레기를 수거하는 데 사용합니다. 차 뒷부분에 배치되어 있는 두 개의 회전판이 서로 맞물려 회전하면서 쓰레기를 운전석 쪽으로 밀어 넣습니다. 수거를 끝내고 쓰레기 처리장으로 돌아가면 수거한 쓰레기를 쓰레기 칸의 배출판을 사용하여 밖으로 밀어냅니다(덤프카처럼 짐칸을 비스듬하게 기울여 압축된 쓰레기를 배출하는 것도 있습니다).

패커차 외에 길에서 자주 보는 것으로는 **프레스 로터 방식**의 쓰레기 수거차가 있습니다. 228쪽 페이지의 위 그림과 같이 압축 성능이 높은 것이 장점입니다.

쓰레기 수거차에는 그 외에도 몇 가지 방식이 있는데, 크기의 차이도 있지만 방식이 다양한 데는 이유가 있습니다. 첫째는 수거할 쓰레기와 지역에 적합한 방식과 크기가 요구된다는 지극히 당연한 이유가 있습니다.

||| 클린 패커 차의 구조 |||

클린 패커 차는 도심부에서 주로 볼 수 있는 쓰레기 수거차입니다. 차량 뒷부분에 있는 두 개의 회전판이 쓰레기를 작게 압축하여 차 안으로 밀어 넣습니다.

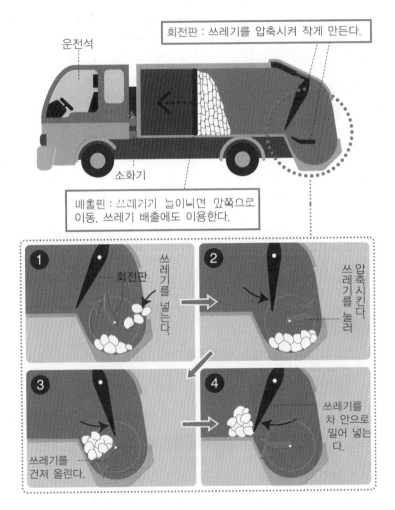

회전판 : 쓰레기를 압축시켜 작게 만든다.

운전석

소화기

배출핀 : 쓰레기기 늘이니면 앞쪽으로 이동. 쓰레기 배출에도 이용한다.

① 쓰레기를 넣는다. 회전판

② 쓰레기를 눌러 압축시킨다.

③ 쓰레기를 건져 올린다.

④ 쓰레기를 차 안으로 밀어 넣는다.

||| 프레스 로터 방식의 쓰레기 수거차 |||

프레스 로터 방식은 부피가 큰 쓰레기를 압축하는 등 압축 성능이 뛰어
난 것이 장점입니다.

||| 네트워크화되는 쓰레기 수거 |||

작은 자치단체별로 쓰레기 처리시설을 건설하기에는 비용이 너무 많이
들기 때문에 현실적으로 어렵습니다. 그래서 여러 자치단체가 서로 협
력하여 아래 그림과 같이 쓰레기 수거 네트워크를 구축합니다.

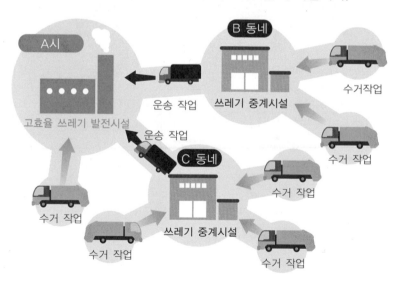

다른 하나는 숨겨진 이유인데, 쓰레기 처리시설의 건설비용이 비싸기 때문입니다. 쓰레기 처리시설, 특히 소각시설은 공해 대책을 위해 고도의 기술이 요구됩니다. 또한 요즘은 친환경 사회를 실현하기 위해 쓰레기를 태운 폐열로 발전기를 돌리는 시설을 병설하는 것이 일반적입니다. 이에 따라 건설비용도 올라가기 때문에 작은 자치단체별로 따로따로 건설하는 것은 재정적으로도 힘든 면이 있습니다. 그래서 지금은 몇 군데의 자치단체가 힘을 합해 하나의 쓰레기 처리시설을 만들고 거기서 도맡아 처리하는 네트워크 방식이 일반적입니다.

이러한 네트워크에 대응하려면 다양한 쓰레기 수거차가 필요하다는 것입니다. 가정에서 나온 쓰레기는 먼저 소형 쓰레기 수거차로 수거하여 쓰레기 중계시설에 모으고, 거기서 더 압축시켜 대형 쓰레기 수거차로 쓰레기 처리시설로 운반해서 쓰레기의 이동과 처리를 효율적으로 할 수 있는 것입니다.

ETC(하이패스)

유료도로의 요금 징수를 전자화한 하이패스.
자동차 세계의 전자화는 카 내비를 포함하여
멈출 줄을 모릅니다.

고속도로의 정체 원인 중 하나가 요금소에 있습니다. 현금을 건네 지불하는 시스템으로는 혼잡 시의 정체를 피할 수 없습니다. 그래서 나온 것이 전자 요금 징수 시스템인 ETC(Electronic Toll Collection System)입니다. 보통 하이패스라고 부릅니다.

하이패스는 차량에 설치된 장치와 요금소의 안테나가 무선으로 통신하여 차량을 세우지 않고 요금을 징수하는 시스템입니다. 따라서 요금소 부근의 정체가 완화되며, 드라이브가 쾌적해집니다. 또한 정체에 수반되는 대기 오염이나 소음이 줄어드는 효과도 있습니다.

하이패스 시스템을 이용하려면 두 가지를 준비해야 합니다. 하이패스 카드와 그 카드를 읽어 들이는 차재기입니다. 하이패스 카드에는 IC가 내장되어 있어 요금 정보, 신용카드 정보 등이 기록되어 있습니다. 자동차가 게이트를 통과하면 차재기와 게이트가 정보를 주고받아 하이패스 카드의 데이터를 갱신합니다. 정보는 시스템 센터로 보내져 계약한 신용카드 회사에 통지됩니다.

이 원리에서 알 수 있듯이 카드만 있으면 자신의 자동차가 아니어도 이용할 수 있습니다. 렌터카나 다른 사람에게 빌린 자동차에 차재기가 설치되어 있다면 카드를 넣기만 하면 시스템을 이용할 수 있습니다.

||| 하이패스의 원리 |||

하이패스는 자동차와 도로가 '대화'하는 최초의 시스템입니다. 자동차가
유료도로의 요금소를 통과할 때 어떤 일이 일어나는지 살펴봅시다.

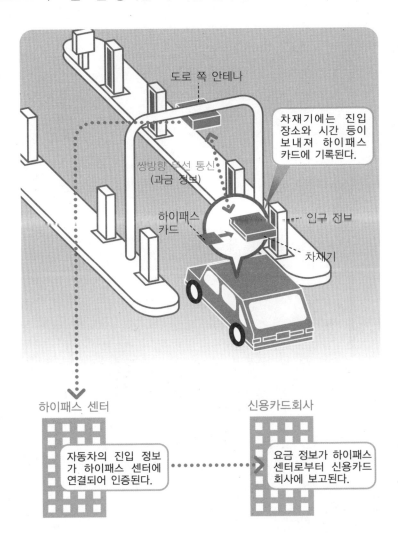

도로 쪽 안테나

차재기에는 진입
장소와 시간 등이
보내져 하이패스
카드에 기록된다.

쌍방향 무선 통신
(과금 정보)

하이패스
카드

인구 전부

차재기

하이패스 센터

자동차의 진입 정보
가 하이패스 센터에
연결되어 인증된다.

신용카드회사

요금 정보가 하이패스
센터로부터 신용카드
회사에 보고된다.

도로의 정체나 공사 정보를 비콘이나 FM 방송 전파를 사용하여 카 내비 등으로 보냅니다. 이를 더욱 발전시킨 것이 ITS입니다.

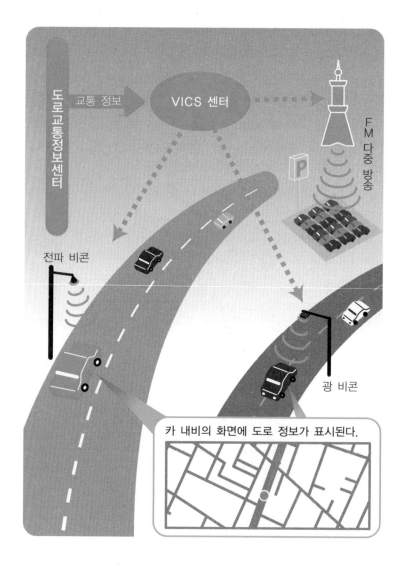

카 내비의 화면에 도로 정보가 표시된다.

　도로와 자동차가 대화한다는 의미에서는 하이패스처럼 이용되고 있는
시스템으로 **VICS**가 있습니다. 이것은 도로교통정보통신시스템(Vehicle
Information and Communication System)의 약자로, 도로의 정체
상황이나 교통 규제 등과 같은 도로 교통 정보를 실시간으로 송신하여 카
내비 등에 문자 또는 도형으로 표시합니다. VICS의 정보는 **비콘**
(beacon)이라는 발신 장치의 전파나 빛 또는 FM 방송을 사용하여 차량
에 전달됩니다.

　하이패스나 VICS를 더욱 발전시킨 다양한 시스템도 있습니다. 예를 들
어 일본 국토교통부 등이 추진하는 **ITS**(Intelligent Transport
Systems)는 사람과 도로와 차량의 네트워크를 만들어 다양한 도로 교통
문제를 해결하는 것이 목적입니다.

다양하게 활용되는 '레이더'

레이더 기술은 제2차 세계대전 중(1939~45년)에 실용화되었습니다. 전파를 닿게 해서 그 반사파로 물체의 위치를 알아내는 시스템입니다. 전투기 정도의 작은 물체의 위치를 정확하게 알기 위해서는 전파의 파장이 짧아야 하며, 감지 능력을 높이려면 출력이 커야 합니다. 그래서 개발된 것이 현재 가정에서도 사용하는 전자레인지의 마이크로파 발신 장치인 마그네트론입니다.

그런데 반사파로부터 상대의 정확한 위치를 알기 위해서는 고성능 안테나가 필요합니다. 여기서 이용하는 것이 일본의 야기 히데쓰구와 우다 신타로가 발명한 '야기 안테나'입니다. 현재 TV의 수신 안테나에 이용하고 있는 것입니다. 제2차 세계대전에서 일본의 패인 중 하나는 레이더 개발이 늦어졌다는 데 있다고 합니다. 상대국에 자국의 발명이 이용되었다니 정말로 역사적인 아이러니가 아닐 수 없습니다.

레이더는 군사용으로 개발된 것이지만 지금은 비행기나 배의 운항에 필수불가결한 장치입니다. 또한 자율주행이나 기상예보에도 없어서는 안 될 시스템입니다.

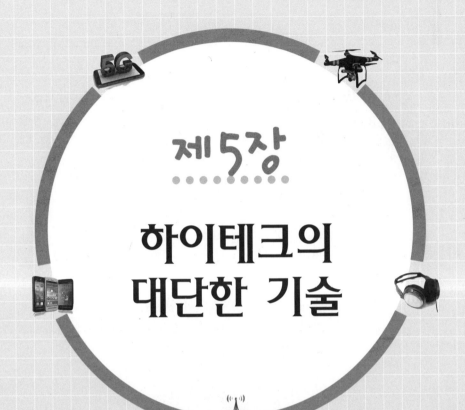

제5장

하이테크의
대단한 기술

신문이나 TV를 보면 5G나 VR, 비트 코인, 드론과 같은 말이 자주 나옵니다. 여기에는 어떤 새로운 기술이 사용되는 것일까요?

5G

스마트폰의 보급으로 많은 사람들이 무선으로 음악이나 동영상, 게임을 즐기게 되면서 통신 회선이 터지기 일보 직전입니다. 이 문제를 해결할 기술이 바로 5G입니다.

2007년에 애플의 아이폰이 등장한 이후 스마트폰의 인기는 식을 줄 모릅니다. 작지만 인터넷의 편리함을 최대한 누릴 수 있다는 점이 스마트폰의 가장 큰 매력입니다. 하지만 통신회사 입장에서 보면 너무 인기가 많은 것도 난감한 문제가 될 수 있습니다. 왜냐하면 단말기가 많이 팔려 계약이 늘어나는 것은 고마운 일이지만 대신 통신회선이 가득 차게 되기 때문입니다.

5G는 이러한 문제를 해결하기 위한 무선통신규격입니다. 5G의 'G'는 세대(Generation)의 머리글자로, 지금까지 사용해 온 명칭이 '4G'이므로 5G는 그보다 한 세대 더 발전된 규격을 나타내는 것입니다.

휴대전화의 무선 기술에 있어서 각 세대에 공통된 과제는 **고속화와 대용량화**입니다. 1G부터 5G에 이르기까지 얼마나 많은 데이터를 빠르고 안정적으로 보낼 수 있는지가 시대의 요구였습니다. 더욱이 오늘날의 무선통신은 **IoT**를 지원해야 합니다. IoT란 **사물 인터넷**(Internet of Things)의 약자로, 가전이나 자동차, 상품과 같은 모든 사물이 인터넷과 연결되는 것을 의미하는데, 여기에 적용할 무선통신의 구축이 불가피합니다.

||| 4G와 5G의 차이 |||

기존의 4G와 2020년경 서비스가 시작되는 5G는 어떻게 다를까요? 고속도로에 비유하여 생각해 봅시다.

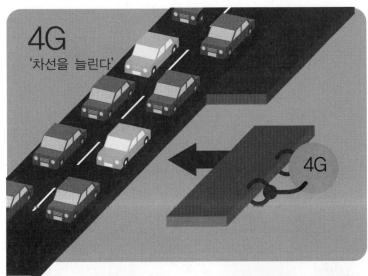

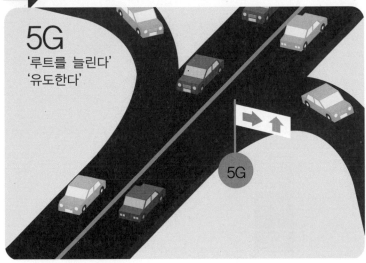

1980년대의 1G부터 2020년경에 서비스를 시작하는 5G까지 통신 속도의 발전 역사를 살펴봅시다.

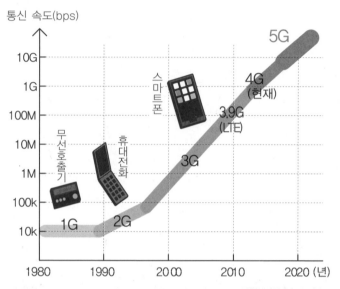

1980년대 ⬇	1G	아날로그 시대(휴대전화 이전) 일본에서는 숄더폰을 사용했다.
1990년대 ⬇	2G	통화용 휴대전화가 보급
2000년대 ⬇	3G	휴대전화가 보급. 인터넷이 보급 음악 및 동영상 송수신이 일반화되었다.
2000년대 말 ⬇	3.9G (LTE)	스마트폰이 보급되기 시작하여 피처폰이 쇠퇴했다.
2010년대 ⬇	4G	스마트폰의 황금시대. 휴대 단말기로 컴퓨터처럼 인터넷을 이용할 수 있다.
2020년경	5G	초고속 대용량, IoT, 원격 조작

　이와 같은 상황에 부응하는 것이 2020년에 서비스 시작을 목표로 개발
이 진행 중인 5G입니다. 5G의 원리가 기존의 4G와 어떻게 다른지 고속
도로에 비유해 보겠습니다.

　4G까지는 세대를 거듭함에 따라 도로의 차선을 늘려 자동차의 왕래를
원활하게 만들었습니다. 5G도 기본적으로는 이 개념을 따르지만, 그와
함께 지류가 되는 루트를 증가시켜 차량의 성격에 맞춰 교통량을 분산시
킴으로써 대용량의 통신을 초고속으로 실현하는 것입니다. 루트를 증가
시키는 것은 IoT 서비스를 위한 것입니다. 왜냐하면 IoT는 동시 다접속
을 요구하기 때문입니다.

　5G는 또 다른 유용한 기능도 제공해 줍니다. 바로 **저지연**이라 부르는
것으로, 저지연의 필요성은 외과의사가 수술 로봇을 원격 조작하는 경우
를 상상하면 쉽게 이해할 수 있습니다. 왜냐하면 의사의 지시가 통신 문
제로 로봇에게 늦게 전달되면 수술이 원활히 진행하지 않기 때문입니다.

VR과 AR

VR은 컴퓨터 안의 세계에 자신이 있는 듯한 감각을 연출하는 것이고, AR은 현실 속에 다른 세계가 있는 듯한 감각을 연출하는 것입니다.

　게임 세계에서 **VR(Virtual Reality, 가상현실)**은 이미 오래전부터 알려져 있었습니다. 게임 발표 회장에 가보면 전용 고글(헤드 마운트 디스플레이〈약칭 HMD〉나 VR 헤드셋)을 장착하고 콘텐츠를 즐기는 모습을 자주 볼 수 있는데, 게임이 만들어 내는 3차원 세계에 자신이 들어가 있는 착각을 불러일으킵니다.

　규모가 큰 시설에서는 고글을 장착하지 않아도 VR을 체험할 수 있습니다. 스크린 전체에 영상을 비추고, 그것을 3D 안경으로 보는 어트랙션 시설 등이 그렇습니다. 현재 VR은 집을 구입할 때 집 구조를 어떻게 할지를 미리 체험해 보거나 해외의 유명 박물관의 전시품을 자신의 집에서 감상할 수 있는 서비스 등 다양한 형태로 실용화되어 있습니다.

　VR의 원리는 오래전부터 많이 알려져 있었습니다. 사람이 '입체'를 느끼는 것은 좌우 눈에 비치는 영상에 **시차**(parallax)라는 차이가 있기 때문인데, VR은 이를 이용합니다. 이 시차를 컴퓨터로 의도적으로 만들어 내서 사람의 눈에 투영하면 마치 그 영상 안에 있는 것처럼 느끼는 것입니다.

||| '시차'의 원리 |||

좌우 눈이 받아들이는 영상에는 '시차'라는 시각의 차이가 있습니다. 우리 뇌는 이와 같이 미세하게 차이 나는 영상을 보고 '입체'라고 느끼는 것입니다.

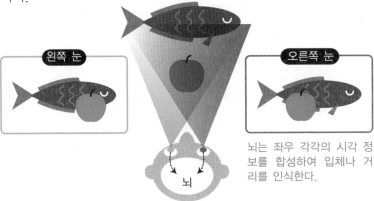

뇌는 좌우 각각의 시각 정보를 합성하여 입체나 거리를 인식한다.

||| VR의 원리 |||

좌우 눈에 시차가 있는 영상을 따로 따로 보여주면 뇌는 그 영상 안에 자신이 있는 것처럼 착각을 합니다. 이것이 VR의 원리입니다.

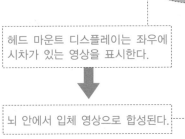

헤드 마운트 디스플레이는 좌우에 시차가 있는 영상을 표시한다.

뇌 안에서 입체 영상으로 합성된다.

AR은 현실 속에 다른 사물이 있는 것 같은 착각을 불러일으키는 기술입니다.

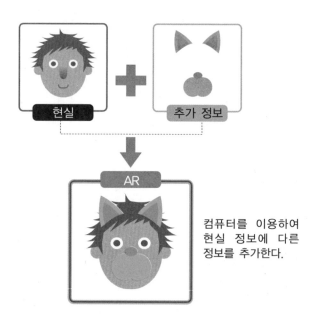

컴퓨터를 이용하여 현실 정보에 다른 정보를 추가한다.

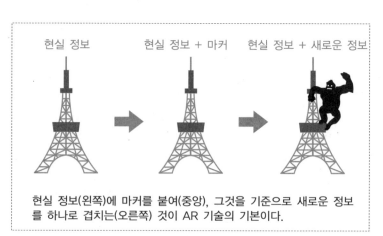

현실 정보(왼쪽)에 마커를 붙여(중앙), 그것을 기준으로 새로운 정보를 하나로 겹치는(오른쪽) 것이 AR 기술의 기본이다.

　VR에 반해 **AR(Augmented Reality, 증강현실)**은 현실 속에 다른 물체가 존재하는 것 같은 착각을 일으키는 기술입니다. 근래까지 별로 알려지지 않았지만 2016년에 이 기술을 사용한 스마트폰 게임인 '포켓몬 GO'가 발표되자마자 많은 각광을 받았습니다.

　AR을 구현하는 데는 몇 가지 방법이 있는데, 기본은 **마커 기반 AR**입니다. 예를 들어 애니메이션 캐릭터를 현실 풍경 속에 증강현실로 만들려면 먼저 풍경 속의 특정 위치에 마커를 붙이고, 이를 기준으로 캐릭터를 겹치면 됩니다. 시점을 이동해도 어색하지 않고 캐릭터가 풍경 속에 자연스럽게 녹아 들어갑니다. 또한 마커를 붙일 장소는 GPS를 이용하여 미리 지정해 둘 수도 있는데, 포켓몬 GO는 이 방법을 채택하고 있습니다.

　마커는 일반적으로 '나무', '산', '책상' 등에 설정할 수도 있습니다. 화상인식을 사용하여 영상 안에서 감지하면 거기에 다른 정보를 겹칠 수가 있는 것입니다.

비트코인

우리나라에서도 2009년에 운용을 시작한 1비트코인의 교환 가격은 0.7원이었는데, 2017년 초겨울 2000만원까지 급등했습니다. 비트코인은 어떤 통화일까요?

비트코인은 2008년 **사토시 나카모토**라고 이름을 밝힌 정체 불명의 프로그래머가 인터넷에 공개한 논문이 출발점이었습니다. 목적은 '국가로부터 독립된(탈중앙화된) 통화를 만드는 것'으로, 그 생각에 찬성한 전 세계 프로그래머들이 만들어 낸 것이 비트코인입니다.

비트코인을 얻으려면 통상 '거래소'라고 하는 인터넷 사이트에 접속하여, 전용 전자지갑인 **월릿**을 만듭니다. 만드는 절차는 은행의 인터넷 계좌를 만드는 것과 비슷하며, 사용법도 간단합니다. 그리고 스마트폰 등에서 전자화폐처럼 이용하면 됩니다. 그런데 이용 방법은 비슷해도 비트코인의 구조는 기존의 은행 시스템과는 크게 다릅니다. 은행에서는 센터에 서버를 설치하고 거래 기록을 일괄적으로 관리합니다. 그에 반해 비트코인은 거래 기록을 인터넷에서 서로 공유합니다.

비트코인의 구조를 지지하는 것이 **블록체인**이라는 알고리즘입니다. 거래 기록을 블록에 저장하고, 시간 순으로 연결하여 인터넷상의 컴퓨터끼리 공유합니다. 이렇게 하면 데이터를 변조하기 어렵고, 공유 처리 덕분에 시스템 장애도 일어나기 어렵습니다.

||| 블록체인의 구조 |||

아래 그림에서 A→B로 가는 거래는 블록으로 만들어져, 과거 전체 거래 블록의 마지막에 체인처럼 연결됩니다. 블록체인이라는 이름은 이러한 구조에서 유래했습니다. 이 체인은 'P2P'라는 인터넷 장치로 공유합니다. 참고로 P2P는 스카이프나 LINE의 IP 전화에서 이용하는 기술입니다.

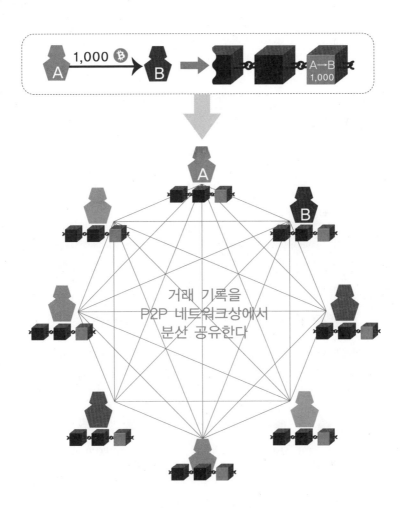

||| 비트코인의 사용법 |||

비트코인은 인터넷상의 거래소에 접속하여 사고 팝니다. 쇼핑 외에 송금할 때도 이용됩니다.

●거래소에서 비트코인 구입과 사용의 흐름

월릿 작성
비밀번호 등을
등록

➡ 본인 확인
면허증이나
여권 사본

➡ 결제 정보
입력
신용카드나
은행 계좌 정보,
구입 금액 지정

➡ 완료
월릿에 비트코
인이 입금된다.

※계좌 개설 방법은 은행의 인터넷 계좌와 비슷하다.

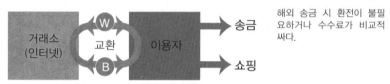

거래소
(인터넷)

교환

이용자

➡ 송금

➡ 쇼핑

해외 송금 시 환전이 불필
요하거나 수수료가 비교적
싸다.

※사용법은 전자화폐와 비슷하다.

||| 비트코인은 거래 기록을 서로 공유한다 |||

기존의 은행 시스템에서는 거래 기록을 서버에서 일괄 관리하지만, 비트코인은 거래 참가자가 거래 기록을 인터넷에서 서로 공유합니다.

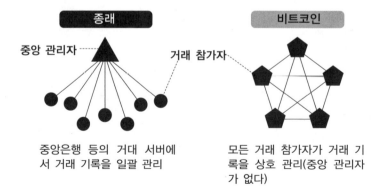

종래

중앙 관리자

거래 참가자

비트코인

중앙은행 등의 거대 서버에
서 거래 기록을 일괄 관리

모든 거래 참가자가 거래 기
록을 상호 관리(중앙 관리자
가 없다)

　재미있는 점은 비트코인의 관리 방법입니다. 국가가 관리하는 통화는 국가의 정책에 따라 통화의 양이 늘거나 줄어듭니다. 이에 반해 비트코인은 공개된 알고리즘 안에서 통화량이 정해져 있습니다. 블록체인을 만드는 **마이너**(채굴자)에 대한 보수로서 정해진 양만큼 발행되기 때문입니다. 거기에 관리자의 자의가 개입할 여지는 없습니다.

　비트코인은 센터에 고가의 서버를 설치해야 하는 기존의 은행에 큰 위협이 되고 있습니다. 만일 비트코인이 보급되면 고가의 서버를 유지, 관리해야 하는 현행의 은행 시스템은 도태될 것입니다. 비트코인은 금융혁명을 일으킬 가능성을 갖고 있습니다. 블록체인의 원리를 사용한 통화를 일반적으로 **가상화폐**라고 하는데, 앞으로는 더욱 다양한 가상화폐가 다양한 분야에서 등장할 것입니다.

드론

드론은 사건 현장 촬영이나 농사 작황 확인, 재해 상황 파악 등에 활약하고 있습니다. 기존의 RC 비행기와 드론은 어떻게 다를까요?

　드론은 영어로 '꿀벌의 수벌'을 뜻합니다. 요사이 부쩍 화제가 되고 있는 드론은 이름 그대로 꿀벌처럼 작은 반경으로 회전할 수 있고 동작음도 벌의 날개소리와 가까운 모형 비행기를 말합니다. 그렇다면 드론은 예전의 RC 비행기나 헬리콥터와 어떻게 다를까요?

　드론이 처음으로 화제가 된 것은 미군이 아프가니스탄 지역에서 벌였던 '테러와의 전쟁'에서였습니다. 전쟁에 투입된 무인 비행기가 '드론'이라고 보도되었습니다. 자동 항행이 가능하며 원격 조종도 할 수 있는 비행체를 그렇게 부른 것입니다.

　여기서 알 수 있듯이 드론은 사람의 손을 거치지 않아도 일정한 비행을 할 수 있으며, 필요할 때는 원격 조종도 할 수 있는 비행 물체를 말합니다. 사람이 모든 것을 조종하던 옛날의 RC 비행기와는 다소 느낌이 다릅니다.

　드론은 군사용으로 처음 사용되었지만, 이제 '드론'이라는 말에 '병기'를 떠올리는 사람은 없습니다. 대부분의 사람은 여러 개의 회전 날개를 가진 모형 헬리콥터를 연상할 것입니다. 장난감처럼 갖고 놀 수 있는 드론은 저렴한 가격에 구할 수 있습니다. 조종 방법도 간단하여 조금만 연습하면 능숙하게 날릴 수 있습니다. RC 비행기나 헬리콥터가 고가인데다 조종도 어려웠던 것에 비하면 드론의 특징은 확실히 다릅니다.

||| 드론의 구조 |||

드론의 기본 구조를 살펴보면 배터리나 제어장치 등 스마트폰과 공통되는 부품이 많습니다.

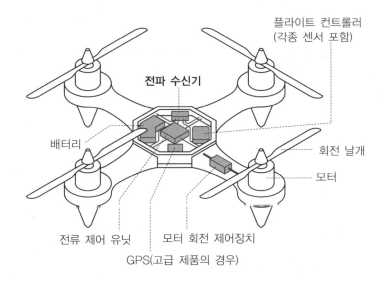

||| 스마트폰에도 사용되는 자이로 센서 |||

드론이 안정적으로 날 수 있는 이유는 스마트폰에 탑재되어 있는 위치 제어 센서인 '자이로 센서'를 사용하고 있기 때문입니다.

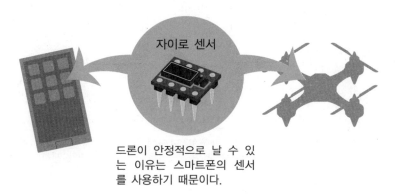

드론이 안정적으로 날 수 있는 이유는 스마트폰의 센서를 사용하기 때문이다.

||| 드론의 형태

드론이라고 하면 아래 그림과 같은 반자동 경량 헬리콥터의 이미지가 강합니다. 세 개 이상의 회전 날개를 갖고 있는 것을 '멀티콥터', 특히 네 개를 갖고 있는 것은 '쿼드콥터'라고 합니다.

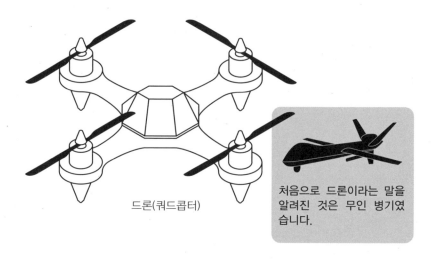

드론(쿼드콥터)

처음으로 드론이라는 말을 알려진 것은 무인 병기였습니다.

||| 드론의 방향 제어 원리

여러 개의 회전 날개로 비행하는 드론이 상승이나 하강, 전진이나 후진 등 자유자재로 날 수 있는 것은 왜일까요?

상승·하강

모든 모터를 똑같은 세기로 회전시키면 상승·하강한다.

전진·후진

진행 방향의 모터에 강약을 주면 전진·후진한다.

회전

모터에 돌아가며 강약을 주면 회전한다.

250

드론은 어떻게 이렇게 싸고 조종하기 쉬워진 것일까요? 그 이유는 재미있게도 스마트폰에 있습니다. 드론 기술의 대부분은 스마트폰에서 사용하는 기술을 차용했습니다.

예를 들어 드론을 작고 가볍게 만들려면 가볍고 오래가는 강력한 배터리가 필요합니다. 이것은 스마트폰도 그렇습니다.

또한 안정된 비행을 하려면 자이로 센서라는 위치 제어 센서가 필요한데, 이것도 스마트폰에서 이미 사용하고 있습니다. 자이로 센서는 회전이나 방향 변화를 감지하는 센서로, MEMS라는 소자가 그 역할을 담당하고 있습니다. 이 센서는 드론이 상하좌우의 방향이나 움직임을 감지하여 안정적인 비행을 하는 데 필수불가결한 부품입니다. 이것은 '포켓몬 GO'와 같은 게임을 제공하는 스마트폰에도 빼놓을 수 없는 것입니다.

Qi(무선충전)

스마트폰, 휴대전화(피처폰), 전기면도기 등과 같은 전자기기에는 각각 다른 충전기를 사용해야 했습니다. 'Qi'는 이러한 번거로움을 해소시켜 줍니다.

휴대기기는 편리하지만 충전해야 하는 번거로움이 있습니다. 노트북, 전기면도기, 휴대전화 등은 제조업체나 기종별로 충전기가 다르기 때문에 외출할 때 여러 개의 충전기를 챙겨야 합니다. 이러한 번거로움을 해소시켜 줄 규격이 나왔습니다. 바로 한국의 가전업체들도 참여하는 단체인 무선전력위원회(Wireless Poser Consortium)가 개발한 **Qi**('치'라고 읽음)입니다.

이 규격을 사용한 제품은 이미 많이 보급되기 시작했습니다. 예를 들어 삼성·갤럭시 S6와·갤럭시 노트5부터는 무선충전 방식으로 'Qi'를 지원합니다.

Qi는 접촉하지 않고 충전하는 규격 중 하나입니다. 이와 같은 충전 방식을 **비접촉식 충전** 또는 **무선충전**이라고 합니다. 지금도 휴대전화나 전기면도기 등 비접촉식으로 충전할 수 있는 제품은 많이 있지만, Qi의 장점은 제조업체나 기종에 관계없이 올려놓기만 하면 충전할 수 있는 통일된 규격이라는 점입니다. 따라서 이 규격을 따르는 제품을 사용하면 충전기 한 대로 충분합니다. 또한 밖에서도 Qi 규격의 충전기가 있는 곳이라면 어디서든 바로 이용할 수 있습니다.

||| 전자유도에 의한 충전 |||

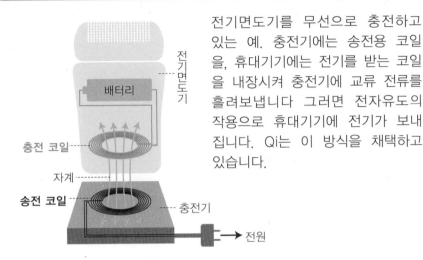

전기면도기를 무선으로 충전하고 있는 예. 충전기에는 송전용 코일을, 휴대기기에는 전기를 받는 코일을 내장시켜 충전기에 교류 전류를 흘려보냅니다 그러면 전자유도의 작용으로 휴대기기에 전기가 보내집니다. Qi는 이 방식을 채택하고 있습니다.

||| 다양한 제품을 하나의 충전기로 충전 가능 |||

기존의 휴대기기는 제품별로 전용 충전기를 사용하여 충전을 했습니다. 하지만 Qi 규격을 지원하는 제품은 하나의 충전기로 무엇이든 충전할 수 있습니다.

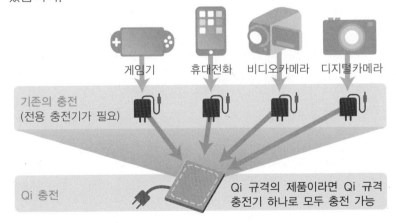

기기가 놓인 위치를 감지하여 충전 코일을 이동시킵니다. 따라서 장소를 신경 쓰지 않고 올려놓기만 하면 충전할 수 있습니다.

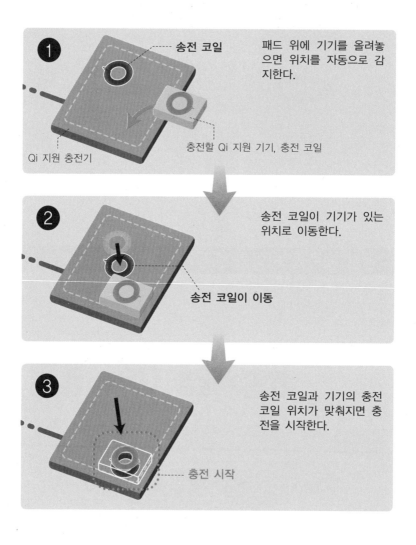

① 패드 위에 기기를 올려놓으면 위치를 자동으로 감지한다.

송전 코일

충전할 Qi 지원 기기, 충전 코일

Qi 지원 충전기

② 송전 코일이 기기가 있는 위치로 이동한다.

송전 코일이 이동

③ 송전 코일과 기기의 충전 코일 위치가 맞춰지면 충전을 시작한다.

충전 시작

Qi 충전 방식은 기존의 충전기와 마찬가지로 전자유도 방식을 이용합니다. 두 개의 코일이 맞닿아 있을 때 한 쪽에 교류 전류를 내보내면 다른 쪽에 전기가 발생하는 법칙을 이용한 방식입니다.

Qi 규격의 가장 편리한 점은 충전 시에 기기를 놓을 장소를 신경 쓰지 않아도 된다는 것입니다. 충전기 플레이트 위 어디에 놓아도 확실하게 충전해 줍니다. 또한 플레이트에 여러 기기를 올려놓으면 놓은 순서대로 충전을 하는 기능도 있습니다.

Qi 외에도 여러가지 무선충전 규격이 있습니다. 예를 들어 미국 퀼컴이 발표한 와이파워(WiPower)와 무라타제작소가 필요한 **전계결합 방식** 등이 있습니다. 전자는 자기 공명을, 후자는 콘덴서를 사용하여 무선충전을 하는데, Qi보다 더 자유롭고 효율도 좋다고 선전하고 있습니다.

참고로 무선충전 방식은 전기자동차의 충전에도 이용될 전망입니다.

전자종이

전자책 전용 단말기의 디스플레이로 호평을 받는 전자종이는 배터리 수명이 길고 눈이 피로하지 않은 것이 장점입니다.

전자책 때문에 출판업계가 들썩이고 있습니다. 바야흐로 서적의 디지털화 시대가 도래한 것입니다. 구텐베르크의 인쇄기술이 발명된 지 600년이 지난 작금, 종이책 시스템은 변화의 기로에 서 있습니다.

전자종이는 전자책의 표시 장치(**전자책 리더**라고 함)로서 인기가 많습니다. 액정과는 달리 자연스러운 밝기로 책을 읽을 수 있기 때문에 장시간 책을 읽어도 눈이 피로하지 않으며, 밝은 실외에서도 읽을 수 있습니다. 발광이나 표시를 유지하기 위한 전력이 필요 없으므로 배터리 수명이 길고 가볍고 콤팩트하게 만들 수 있습니다(일부 기종에서는 발광 장치를 추가한 것도 있음). 이러한 특징 때문에도 인기가 많지만, 요즘은 컬러 표시도 개발되어 응용 분야가 한층 더 넓어졌습니다.

전자종이에는 다양한 방식이 있는데, 그중 가장 인기 있는 것은 e잉크 사가 개발한 **전기영동 방식**입니다. 다른 종류의 전기를 띠고 있는 흑백 두 종류의 입자를 마이크로캡슐 안에 넣고, 그 입자를 전기의 힘으로 이동시켜 흑백 이미지를 표시합니다. 아마존이나 소니, 라쿠텐 등이 제공하는 전자책 리더의 표시 장치에 이용하고 있습니다.

||| 전자종이의 글자 표시 원리 |||

전자종이는 글자를 점(픽셀)의 모음으로 표현합니다. 예를 들어 영어 'E'는 아래와 같이 표시합니다.

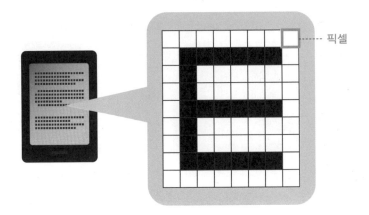

픽셀

||| e잉크 사의 마이크로캡슐 |||

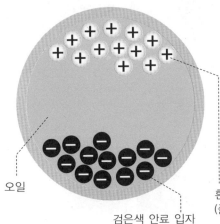

글자를 표시하기 위한 점 (픽셀)에 마이크로캡슐을 이용한 것으로, 이 캡슐 안 에는 플러스 전기를 띠는 흰색 입자와 마이너스 전 기를 띠는 검은색 입자가 들어 있습니다.

오일

흰색 안료 입자 (플러스 전기를 띰)

검은색 안료 입자 (마이너스 전기를 띰)

캡슐 안에 들어 있는 전기를 띤 입자의 안료가 전극의 지시로 표시 화면 쪽으로 모여 문자 패턴을 재현합니다.

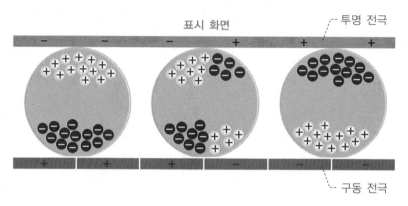

||| 자석 보드의 원리 |||

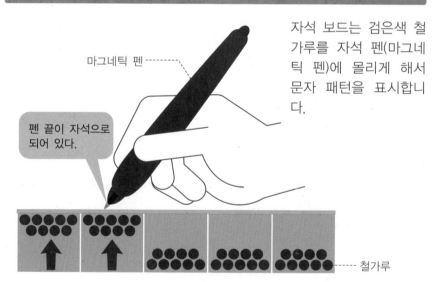

자석 보드는 검은색 철 가루를 자석 펜(마그네틱 펜)에 몰리게 해서 문자 패턴을 표시합니다.

　그런데 전자종이에도 강력한 라이벌이 있는데, 바로 스마트폰이나 태블릿 단말기에 이용하는 액정 디스플레이입니다. 이들 단말기는 앱을 설치하기만 하면 전자책 리더로 변신합니다. 액정 디스플레이는 전자종이보다 응답성이 빠르고 정밀하며 색도 예쁩니다. 게임이나 영화 감상도 할 수 있는 범용 단말기로는 액정 디스플레이가 훨씬 뛰어납니다. 게다가 좀 더 있으면 OLED라는 디스플레이와도 경쟁하게 될 것입니다.

　흑백 전자종이와 겉모습이 비슷한 제품으로, 자석 보드(Magnetic Board)라는 것이 있습니다. 문구 코너에서는 메모용으로, 장난감 코너에서는 그림 그리기용 보드로 팔고 있습니다. 이것은 자석의 힘을 사용하여 검은 자성 분말이 자석에 몰리게 하여 글을 쓰거나 그림을 그립니다. 구조가 단순하며 값이 싸지만 해상도가 낮기 때문에 디스플레이로서는 이용할 수 없습니다.

리튬이온 전지

리튬이온 전지는 스마트폰 등에 사용하는 전지입니다. 이것은 도대체 어떤 전지일까요?

현재 가장 성능이 좋은 전지 중 하나가 리튬이온 전지입니다. 발생 전압이 높고 에너지 밀도가 높으며 메모리 효과가 없는 등 장점이 많아 카메라나 휴대전화, 스마트폰 등 거의 모든 곳에서 사용하고 있습니다.

이 전지를 이해하려면 전지의 역사를 거슬러 올라가야 합니다. 유명한 이야기인데, 전지는 18세기 말 이탈리아의 볼타라는 사람이 발견했습니다. 동과 아연을 소금물에 담그면 전기가 발생한다는 것을 알게 된 것입니다. 전지의 발견으로 인류는 안정된 전류를 얻어 다양한 실험을 할 수 있게 되었고, 전기의 세계를 개척할 수 있게 된 것입니다.

볼타의 전지에서 동과 아연, 소금물을 다른 두 종류의 금속과 수용액(**전해질**이라고 함)으로 대체하면 다양한 특성을 가진 전지를 만들 수 있습니다. 그 대표적인 것이 **건전지**입니다. '건(乾)'이란 수용액이 액체가 아니라는 뜻인데, 그 덕분에 전기를 어디에나 들고 다닐 수 있게 되었습니다. 지금도 회중전등이나 리모컨 등에 사용되며 편리함을 제공하고 있습니다.

건전지 외에도 다양한 전지가 있지만 어떤 종류의 금속과 전해질을 조합하느냐에 따라 전기 발전과는 반대의 반응을 일으킬 수도 있습니다.

||| 볼타 전지의 원리 |||

소금물에 담근 아연은 플러스 이온이 되어 아연판에 전자를 남깁니다. 이 전자는 동을 향해 흐르면서 물속의 수소 이온과 결합합니다. 이를 반복하여 전류가 흐르는 것이 볼타 전지의 원리입니다.

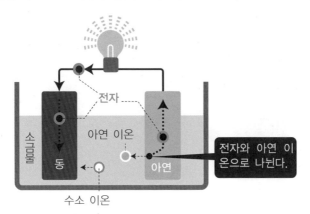

||| 망간 건전지의 구조 |||

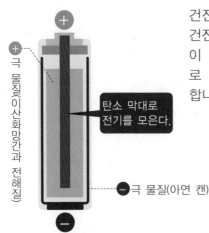

건전지에는 망간 건전지와 알칼리 건전지가 있습니다. 이 둘은 전해질이 다릅니다. 망간 건전지는 전해질로 염화아연과 염화암모늄을 사용합니다.

‖‖ 알칼리 건전지의 구조 ‖‖

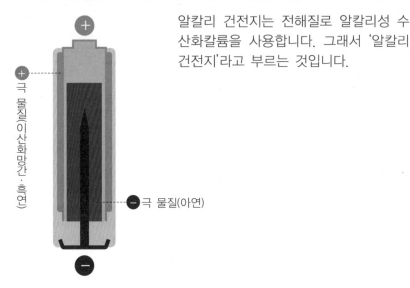

알칼리 건전지는 전해질로 알칼리성 수산화칼륨을 사용합니다. 그래서 '알칼리 건전지'라고 부르는 것입니다.

+ 극

+ 극 물질(이산화망간·흑연)

− 극 물질(아연)

−

‖‖ 리튬이온 전지의 원리 ‖‖

소금물에 담근 아연은 플러스 이온이 되어 아연판에 전자를 남깁니다. 이 전자는 동을 향해 가면서 물속의 수소 이온과 결합합니다. 이를 반복하여 전류가 흐르는 것이 리튬이온 전지입니다.

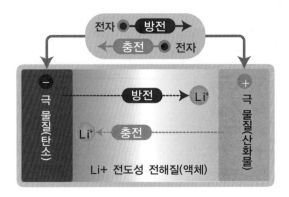

전자 방전 →
← 충전 전자

− 극 물질(탄소)

방전 Li⁺

Li⁺ 충전

+ 극 물질(산화물)

Li+ 전도성 전해질(액체)

　이것이 '충전 가능한 전지'입니다. 이와 같은 전지를 이차 전지라고 합니다(충전을 전제로 하지 않는 전지는 일차 전지).

　이차 전지로서 옛날부터 사용해 왔던 것이 **납 축전지**인데, 지금도 자동차 배터리에 표준적으로 사용되고 있습니다. 그리고 요즘 화제인 이차 전지가 바로 **리튬이온 전지**입니다. 리튬이온 전지는 양극에 리튬 산화물, 음극에 탄소(카본), 전해질로는 육불화인산리튬($LiPF_6$, Lithium hexafluorophosphate)이 든 유기용제를 사용한 전지입니다. 발생 전압과 에너지 밀도가 기존의 전지에 비해 월등히 높아 대부분의 휴대기기에 리튬이온 전지를 사용하고 있습니다.

　리튬이온 전지의 역사는 짧은 만큼 그 원리가 완전히 해명되어 있다고 할 수 없습니다. 더욱이 전해질이 유기용제라 쉽게 타기 때문에 정밀하게 제조하여 올바르게 관리하지 않으면 발화 위험이 있습니다. 그런 의미에서 "길들여지지 않은 경주마"와 같은 전지라고 할 수 있습니다.

터치패널

스마트폰의 인기 비결 중 하나는 터치패널입니다. 멋있어 보이는 플릭이나 핀치 조작의 원리는 무엇일까요?

　역의 발매기나 은행 ATM에는 **터치패널**이라는 조작 화면을 사용하고 있습니다. 손가락으로 화면을 가볍게 터치하기만 하면 손쉽게 기계를 조작할 수 있습니다.

　카 내비나 휴대용 게임기에도 사용하고 있는 터치패널의 원리를 살펴봅시다.

　터치패널에서 가장 판매량이 높은 방식은 **저항막 방식**(감압식)입니다 (2017년 말 현재). 구조는 매우 단순한데, 유리판과 필름에 투명한 전극막을 붙이고 조금 간격을 띄워서 포갭니다. 필름 표면을 누르면 필름 쪽과 유리 쪽의 전극이 서로 닿아 전기가 흐릅니다. 이 전류를 사용하여 전압의 변동을 감지하여 접점의 위치(누른 위치)를 파악하는 것입니다.

　스마트폰이나 태블릿 PC가 인기를 끄는 이유 중 하나가 바로 멀티터치라고 하는 새로운 조작 방법입니다. 예를 들어 화면을 확대할 때 손가락 두 개를 화면 위에서 펼치는 '핀치 아웃'은 그동안 볼 수 없었던 조작성이 멋으로 받아들여진 것입니다.

||| 저항막 방식의 원리 |||

가장 많이 보급되어 있는 방식입니다. 누른 지점에서 전극이 접촉하여 전류가 흐르고, 전압이 바뀝니다. 이를 이용하여 읽어 들일 위치를 찾아냅니다.

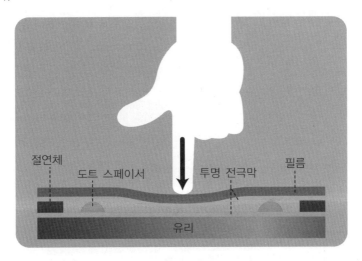

절연체
도트 스페이서
투명 전극막
필름
유리

||| 손가락 두 개로 조작할 수 있는 '멀티터치' |||

애플 사가 처음으로 제품에 적용한 조작 방법으로, 화면을 확대할 때는 손가락 두 개를 화면 위에서 펼치고(핀치 아웃), 축소할 때는 반대(핀치 인)로 합니다. 또한 손가락 하나를 움직여(플릭 또는 스와이프) 화면을 스크롤합니다.

핀치

플릭 또는
스와이프

IC를 탑재한 유리 기판 위에 특정 패턴으로 대량으로 나열한 투명한 전극 패턴 층을 배치하고, 표면에는 유리나 플라스틱과 같은 보호 커버(절연체)로 덮습니다. 손가락을 표면에 대면 여러 개의 전극 간의 정전용량이 동시에 변화하여 전류가 발생하는데, 이 전류량을 측정하여 여러 위치를 동시에 특정할 수 있습니다.

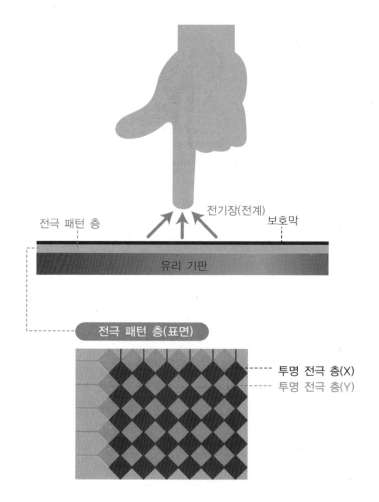

전기장(전계)

전극 패턴 층   보호막

유리 기판

전극 패턴 층(표면)

투명 전극 층(X)
투명 전극 층(Y)

그런데 저항막 방식은 두 개의 접점 위치를 동시에 측정할 수 없기 때문에 멀티터치를 구현하기 힘듭니다.

그래서 나온 것이 **투영형 정전용량 방식**(정전식)입니다. 구조는 저항막 방식보다 복잡하지만 빠른 응답이 가능하고 정밀도가 높은 멀티터치 조작을 구현할 수 있습니다.

정전용량 방식의 패널은 기본적으로 전극 패턴 층과 보호막 두 개의 층으로 되어 있습니다. 전극 패턴 층은 정형 패턴을 촘촘히 깐 수많은 투명 전극으로 되어 있고, 보호막은 유리나 플라스틱 절연체로 되어 있습니다. 보호막 표면에 손가락을 대면 여러 전극 사이의 정전용량이 동시에 바뀌어 전극 간에 전류가 생겨납니다. 이 전류를 측정하여 여러 개의 손가락의 움직임이나 위치를 재빨리 특정할 수 있는 것입니다.

멀티터치는 애플 사가 처음 제품화한 조작 방법으로, 특허 성립 여부가 문제되었습니다. 마우스의 클릭이나 드래그 조작과 마찬가지로 널리 사용할 수 있기를 바랍니다.

생체인식

일찍이 SF 영화에서나 나왔던 생체인식이 지금은 일상에서 이용되고 있습니다. 신분증이나 열쇠 등이 필요 없는 생활이 실현되고 있는 것입니다.

일본의 은행 ATM 코너에는 **정맥인식** 장치가 설치되어 있습니다. 이 장치는 손가락이나 손바닥의 정맥 패턴을 적외선으로 읽어 들여 본인 여부를 확인합니다. 즉, 몸의 일부를 사용하여 본인을 인증하는 방식입니다. 얼마 전까지만 해도 SF 영화에서나 나올 법한 광경이 현실이 되고 있는 것입니다.

정맥을 사용하는 이유는 정맥의 패턴은 사람마다 다르기 때문입니다. 이 패턴을 확인하려면 적외선을 비추면 됩니다. 정맥을 흐르는 혈관구 안의 헤모글로빈은 산소를 잃어 적외선을 흡수하기 쉽기 때문에 적외선을 비추면 정맥에서 흡수되어 패턴이 검게 나타납니다.

이와 같이 생체로 본인을 확인하는 인증방식을 **생체인식** 또는 **바이오메트릭스**(Biometrics)라고 부릅니다.

생체인식의 장점은 ID 카드와 같이 본인을 확인하기 위한 물건이 필요 없다는 점입니다. 또한 다른 사람이 자신인 척 속이는 것도 불가능합니다. 덕분에 시스템이 안정되고 이용자도 안심하고 이용할 수 있습니다.

||| 손가락의 정맥인식 |||

정맥 패턴은 사람마다 모두 다르기 때문에 적외선을 비추면 본인인지 아닌지를 인증할 수 있습니다.

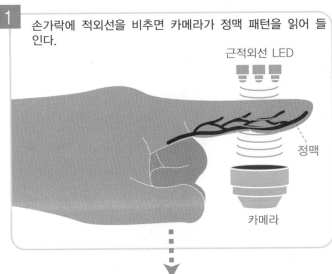

1 손가락에 적외선을 비추면 카메라가 정맥 패턴을 읽어 들인다.

근적외선 LED

정맥

카메라

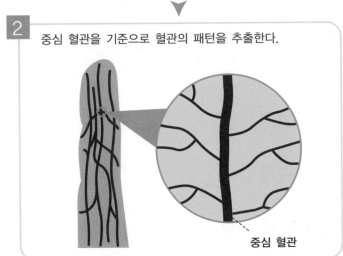

2 중심 혈관을 기준으로 혈관의 패턴을 추출한다.

중심 혈관

손바닥에 적외선을 비춰 굴곡이나 분기점과 같이 특징이 있는 곳에서 정맥의 패턴을 읽어 들입니다.

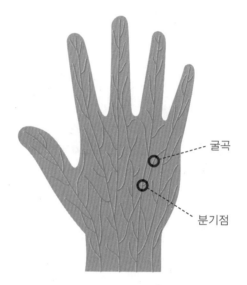

굴곡

분기점

||| 대표적인 지문인식 방법 |||

옛날부터 이용되던 지문인식으로는 주파수 해석법과 특징(미뉴샤: Minutiae) 추출법이 있습니다. 이 둘의 원리를 살펴봅시다.

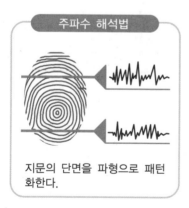

지문의 단면을 파형으로 패턴 화한다.

지문의 특징점의 위치 관계를 패턴화한다.

정맥인식 이외의 생체인식으로는 이미 오래전에 실용화된 **지문인식**이 있습니다. 이것은 범죄 수사에서 많이 알려진 것이지만 일상생활에서도 이미 사용하고 있습니다. 예를 들어 컴퓨터의 본인 확인용으로 지문을 읽어 들이는 장치가 나와 있으며, 가정의 도어락도 지문으로 인식하는 것이 많이 있어 시스템의 안정성에 크게 공헌하고 있습니다.

SF 영화에서도 자주 등장하는 **홍채인식**은 눈동자의 모양 패턴으로 본인을 확인하는 방법입니다. 홍채도 사람마다 각기 다르기 때문입니다.

가장 이상적인 것은 얼굴을 이용한 생체인식입니다. 보통의 사람들이 서로를 확인하는 자연스러운 인식 방법이기도 하므로 어색하지 않습니다. 테러 대책의 일환으로도 연구가 진행되고 있는데, 일부에서는 실용화를 추진하고 있습니다.

그런데 생체정보는 변경이 불가능합니다. ID 카드는 재발급이 가능하지만 생체인식은 그것이 불가능하기 때문에 한번 등록하면 수정할 수 없습니다. 정보가 유출되기나 해서 일단 악용되면 당사자는 평생 피해를 입을 것입니다. 무턱대고 등록하는 것은 위험하다는 점을 명심하기 바랍니다.

노이즈 캔슬링 헤드폰

도시 생활에서 떼어 놓을 수 없는 것이 바로 소음 문제입니다. 이런 소음을 제거해 주는 편리한 기술이 바로 노이즈 캔슬링 기능입니다.

시끄러운 지하철 안에서 또렷한 음향으로 음악을 듣고 싶은 바람을 이루어 주는 제품이 있습니다. 바로 **노이즈 캔슬링 헤드폰**이라는 것으로, 지하철이나 비행기에서 주변의 소음을 제거해 주는 기능이 있습니다. 잡음이 들린다고 볼륨을 높일 필요가 없기 때문에 귀의 부담도 줄여주고 소리가 다른 사람에게 들릴 염려도 없어 매우 편리합니다. 또한 여행을 갔을 때 옆에서 자는 친구의 코고는 소리도 완벽하게 차단할 수 있습니다.

노이즈 캔슬링에는 크게 **액티브 방식**과 **패시브 방식**이 있습니다. 요즘 많이 사용하는 것은 액티브 방식입니다.

액티브 방식은 소음을 전기적으로 없애주는 방식으로, 헤드폰에 마이크가 내장되어 있습니다. 이 마이크가 주위의 소음을 주워, 이것을 상쇄시키는 음을 헤드폰 내부에서 발생시킵니다. 이렇게 하여 주위의 소음만 제거하는 것입니다.

소음을 상쇄시키는 음은 소음과 '역 위상'이 되도록 만들기 때문에 헤드폰 내부에는 이런 처리를 하기 위한 LSI가 내장되어 있어 전지와 같은 전원이 필요합니다.

||| 액티브 방식의 원리 |||

액티브 방식의 노이즈 캔슬링 헤드폰은 헤드폰 내부에서 다음과 같은 동작을 하여 다양한 소음을 전기적으로 없애줍니다.

헤드폰에 내장된 마이크로 주변의 소음을 줍는다.

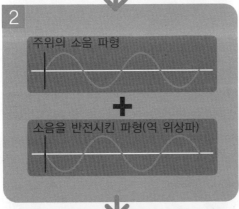

헤드폰의 LSI가 소음과 역 위상이 되는 음을 생성한다.

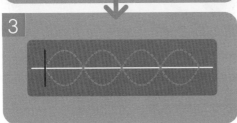

귀에서는 소음이 제거된다.

||| 패시브 방식의 원리

패시브 방식의 노이즈 캔슬링 헤드폰은 헤드폰이 귀를 감싸도록 밀착시켜 외부의 잡음을 차단합니다.

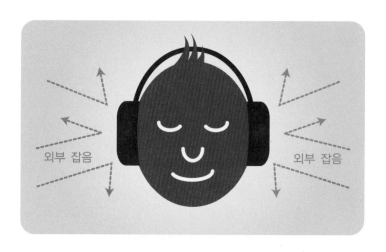

외부 잡음　　　외부 잡음

||| 사슴뿔 모양 방음벽

공명에 의해
소음이 작아진다.

소음

소음의 공명을 이용하여 역 위상의 공명음이 일어나도록 공간이 비어 있는 모양을 하고 있습니다. 구조가 단순하며 전원도 필요 없다는 장점을 갖고 있습니다.

패시브 방식은 외부의 잡음을 배리어로 차단하는 방식입니다. 소음을 차단하는 가장 고전적인 방법은 음을 외이(外耳)에서 차단하는 '귀마개'입니다. 바로 귀마개의 원리를 응용하여 귀를 헤드폰으로 쏙 덮어서 감추는 방법이 패시브 방식의 헤드폰입니다. 전원은 필요 없지만 귀를 압박하므로 땀이 차는 단점이 있습니다.

헤드폰에서 사용하고 있는 '역 위상' 기술은 다른 곳에서도 응용하고 있습니다. 예를 들어 고속도로나 고속철도 측벽에는 방음 장치가 되어 있는 곳이 있습니다. 이는 도로나 선로 옆에 스피커를 설치하고 소음과 역 위상을 가지는 음을 생성시켜 소음을 제거하는 것입니다.

또한 '사슴뿔 모양 방음벽'이라는 방음 장치는 음의 유도 공간에서 공명된 음이 원래의 소음과 역 위상이 되도록 고안되어 있습니다. 전원을 필요로 하지 않으며 도로나 철도 시설에 안성맞춤인 방음 장치입니다.

UV · IR 차단 유리

드라이브를 할 때 신경 쓰이는 것이 창문으로 들어오는 자외선이나 쨍쨍 내리쬐는 햇빛일 것입니다. 반갑게도 자외선을 차단시켜 주는 유리가 있습니다.

자외선(UV)과 적외선(IR)을 모두 차단시켜 주는 강화유리를 사용한 차량이 등장해 화제가 된 바 있습니다. 특히 여성 운전자에게는 반가운 소식일 것입니다. 피부가 타거나 기미의 원인이 되는 자외선은 여성 운전자에게는 가장 큰 고민거리입니다. 한편 적외선은 피부가 타는 듯한 느낌을 주기 때문에 필요 이상으로 에어컨을 틀어서 에너지를 쓸데없이 낭비할 수 있습니다. 이럴 때 자외선과 적외선을 차단하는 유리를 사용한 자동차는 정말 고마운 존재가 아닐 수 없습니다.

자동차용 유리에서 자외선과 적외선을 차단하는 기본적 방법은 세 가지입니다. 유리에 자외선이나 적외선 흡수제를 섞어서 만드는 **'배합 타입'**, 차 안쪽 유리면에 흡수제를 포함한 코팅막을 부착시키는 **'코팅 타입'** 그리고 흡수제를 포함한 막을 두 장의 유리 사이에 끼우는 '접합 타입'입니다. 자동차 유리이므로 당연히 투명성을 확보해야 합니다. 법적으로도 가시광선의 70퍼센트 이상을 투과시켜야 한다고 되어 있습니다. 이 조건을 만족시키기 위해서 유리 제조업체는 신제품 개발에 고심하고 있습니다.

||| 태양광선에 포함되는 빛 |||

태양광선은 자외선(UV), 가시광선, 적외선(IR)으로 되어 있습니다. 에너지 비율은 순서대로 5%, 45%, 50%입니다.

UV-C	UV-B	UV-A	가시광선	적외선
햇볕에 타거나 기미의 원인			사람 눈에 보이는 빛	이글거리는 더위의 원인

짧다 ◄——————— 파장 ———————► 길다

||| UV·IR 차단 유리의 구조 |||

UV·IR 차단 유리는 흡수제의 위치에 따라 배합 타입, 코팅 타입, 접합 타입 세 종류로 분류합니다.

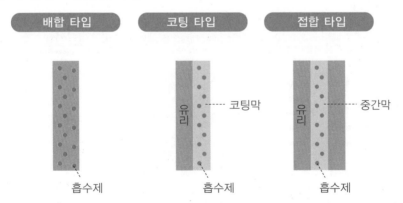

배합 타입 코팅 타입 접합 타입

유리　코팅막　유리　중간막

흡수제　흡수제　흡수제

||| UV 벨 프리미엄 쿨온

UV 벨 프리미엄 쿨온은 자외선(UV)을 약 99%나 차단하며 적외선도 대폭 줄여주는 유리입니다.

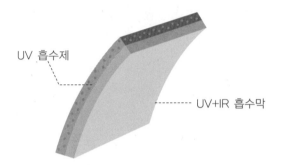

UV 흡수제

UV+IR 흡수막

||| 유리가 깨지는 형태

강화유리는 충격을 받아 깨지면 순식간에 작은 입자 모양으로 부서지기 때문에 자동차 창문 유리에 사용합니다. 전면 유리에는 접합 유리를 사용합니다.

일반 유리	강화유리	접합 유리
	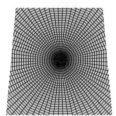	
힘을 받은 부분을 중심으로 금이 퍼져 크고 예리한 파편이 생긴다.	강도는 높지만 내부에 금이 가면 유리 전체가 작은 방울 모양으로 부서진다.	두 장의 유리를 수지 필름으로 접착시켰기 때문에 유리가 깨져도 필름의 점착력에 의해 파편이 떨어지지 않는다.

일례로 일본의 아사히가라스가 개발한 'UV 벨 프리미엄 쿨온'이라는 제품을 들어 보겠습니다. 이 제품은 자외선 흡수제를 유리에 섞은 강화유리에 자외선과 적외선을 동시에 차단하는 코팅막을 차 안쪽 면에 부착한 유리입니다. 자외선의 약 99%를 차단하고 적외선도 대폭 감소시켜 준다고 합니다.

때때로 '**강화유리**'라는 말을 사용하는데, 이것은 유리를 650~700도로 가열하여 부드럽게 만든 다음, 표면을 순식간에 균일하게 식혀 만드는 유리입니다. 이렇게 하면 유리의 강도가 높아지고, 깨질 때는 순식간에 작은 입자 모양으로 부서지는 특징이 있습니다. 보통의 유리가 깨질 때는 유리가 예리한 칼날처럼 깨져서 사람에게 상처를 입힐 우려가 있지만 강화유리는 그렇지 않습니다.

단, 특성상 자동차 앞 유리에는 사용할 수 없습니다. 그래서 자동차 앞 유리에는 깨져도 수지 필름이 있어서 파편이 떨어지지 않고 시야가 확보되는 접합 타입의 유리를 사용합니다.

테더링(핫스팟)

뉴스에도 자주 나오는 '테더링'이라는 통신 기능의 뜻과 원리를 알고 있습니까?

테더링이란 스마트폰을 인터넷 연결용 무선 라우터로서 사용하는 기능을 말합니다. 스마트폰이 '휴대할 수 있는 라우터(**모바일 라우터**)'로 변신하는 것입니다. 테더링을 사용하면 '노트북을 가지고 왔는데 인터넷 연결을 할 수 없는' 문제를 해결할 수 있습니다.

테더링은 사용자에게는 편리하지만 통신회사로서는 골치 아픈 기능입니다. 왜냐하면 데이터 통신량(트래픽)이 폭발적으로 증가하기 때문입니다. '안 그래도 스마트폰의 보급으로 인해 통신회선에 여유가 없는데 테더링까지 겹치면 더 힘들다'고 불평이 많습니다.

그래서 일정량 이상의 데이터를 송수신한 사용자나 단시간에 대량의 통신을 한 사용자에게는 제한을 두고 있습니다. 또한 **데이터 오프로드**라고 해서 근처에 Wi-Fi 연결처가 있는 경우는 그것을 이용하도록 설정되어 있습니다. 통신회사는 **LTE**라 부르는 새로운 규격의 고속통신을 정비하고, 통신회선의 용량 자체를 늘리는 노력도 하고 있습니다.

‖‖ 스마트폰을 통한 테더링 통신 ‖‖

테더링은 스마트폰에 PC나 게임기, 카 내비 등을 연결하여 인터넷에
접속할 수 있는 기능입니다. 스마트폰과 이런 기기는 USB, Wi-Fi,
Bluetooth 등으로 연결합니다. 말하자면 스마트폰이 모바일 라우터로
변신하는 기능입니다.

인터넷

테더링 지원 스마트폰

USB

Wi-Fi

Bluetooth

외부기기

외부기기

테더링 지원
카 내비

인터넷에서는 데이터를 소포(패킷)와 같이 송수신합니다. 소포에 붙여진 주소에 해당하는 것이 IP 주소입니다. 게임기와 PC가 스마트폰에 테더링되어 있는 경우를 예로 들어 게임기가 서버와 데이터를 주고받는 구조를 살펴봅시다. 패킷의 흐름은 ①→④의 순으로 일어납니다. IP 주소는 '전 세계에서 유일'해야 합니다. 그래서 테더링에서는 포트 번호라는 정보를 이용하여 스마트폰에 부여된 IP 주소를 모두가 공동으로 사용합니다. 즉, 테더링되어 있는 게임기나 PC에는 임시 IP 주소를 부여한 후 인터넷과는 정식 주소로 변환하면서 송수신하는 것입니다.

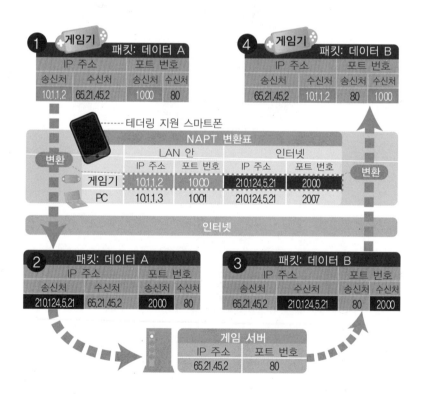

1 게임기
패킷: 데이터 A

IP 주소		포트 번호	
송신처	수신처	송신처	수신처
10.1.1.2	65.21.45.2	1000	80

4 게임기
패킷: 데이터 B

IP 주소		포트 번호	
송신처	수신처	송신처	수신처
65.21.45.2	10.1.1.2	80	1000

테더링 지원 스마트폰

변환

NAPT 변환표

	LAN 안		인터넷	
	IP 주소	포트 번호	IP 주소	포트 번호
게임기	10.1.1.2	1000	210.124.5.21	2000
PC	10.1.1.3	1001	210.124.5.21	2007

변환

인터넷

2 패킷: 데이터 A

IP 주소		포트 번호	
송신처	수신처	송신처	수신처
210.124.5.21	65.21.45.2	2000	80

3 패킷: 데이터 B

IP 주소		포트 번호	
송신처	수신처	송신처	수신처
65.21.45.2	210.124.5.21	80	2000

게임 서버

IP 주소	포트 번호
65.21.45.2	80

　좀 더 전문적인 원리를 살펴봅시다. 잘 알다시피 인터넷에서 정보를 주고받을 때에는 **IP 주소**를 이용합니다. IP 주소란 인터넷에 연결된 기기에 부여된 정식 이름과 같은 것입니다. 이 이름을 사용하여 서로를 부르면서 정보를 교환하는 것입니다. 당연한 이야기지만 스마트폰에도 IP 주소가 부여되어 있는데, 스마트폰과 테더링된 컴퓨터나 게임기의 IP 주소는 어떻게 부여되는 것일까요?

　이때 사용하는 것이 NAPT라는 변환 기능입니다. 테더링으로 연결된 기기에 닉네임을 붙이고 스마트폰이 정식 주소로 변환하여 인터넷과 송수신합니다. 이렇게 해서 테더링된 기기에서도 목적하는 서버와 정확하게 연결되는 것입니다.

　NAPT를 사용해도 세상에는 모든 기기에 IP 주소를 다 부여할 수 없을 만큼 세상에는 인터넷 연결 단말기가 넘쳐 나고 있습니다. 그래서 더 많은 단말기에 주소를 부여할 수 있는 IPv6라는 새로운 규격도 보급되기 시작했습니다.

IC 태그

전자제품 판매점이나 DVD 대여점에 가 보면 대부분의 상품에 IC 태그가 붙어 있습니다. 이 칩은 그야말로 '유통 혁명의 선두주자'입니다.

전자제품 판매점이나 DVD 대여점, 대형 서점의 출입구에는 게이트가 설치되어 있습니다. 계산을 하지 않고 상품을 가지고 나가려고 하면 경고음이 울리는 장치입니다. 이 게이트 덕분에 도난 사고가 많이 줄어들었다고 합니다. 게이트는 상품에 부착된 **IC 태그**를 감지하는 문지기 역할을 하고 있습니다.

IC 태그는 IC 칩과 안테나로 구성됩니다. 게이트를 통과할 때 게이트가 보내는 전파를 안테나가 흡수하는데, 그 에너지를 이용하여 스스로를 기동시켜 신호를 발신합니다. 게이트는 이 신호를 읽어 들여 상품 코드나 부정 유무를 감지하는 것입니다.

IC 태그에는 정보를 기록할 수 있는 것도 있습니다. 이 경우에는 부착된 IC 태그를 계산대나 접수 창구에서 떼지 않아도 전기적으로 게이트 통과 허가를 받을 수 있습니다. 예를 들어 도서관의 대출 시에는 이 기능을 이용하고 있습니다. 이와 같이 전파를 이용하여 비접촉식으로 사물을 관리하고 식별하는 기술을 통틀어 **RFID**라고 합니다. 교통카드의 기술도 여기에 해당합니다.

||| IC 태그의 구조　　　　　　　　　　　|||

IC 태그는 IC 칩과 안테나로 구성되어 있습니다. 안테나는 리더 라이터
가 보내는 전파를 이용하여 전원과 정보를 받아 IC 칩에 전달합니다.

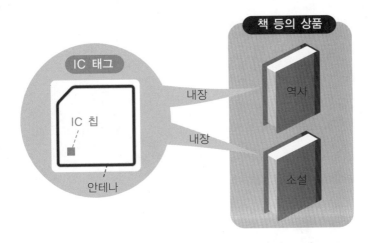

||| 리더 라이터로 IC 태그를 읽고 쓰기　　　　|||

IC 태그를 읽고 쓰는 장치를 리더 라이터(Reader & Writer)라고 합니
다. 컴퓨터와 같은 데이터 처리 장치와 연결시켜 IC 태그와 정보를 주
고받습니다.

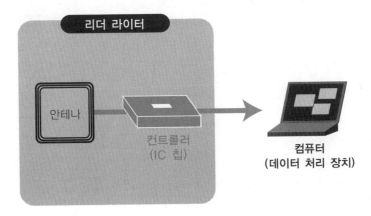

도난 방지, 생산유통 관리 등 IC 태그의 역할은 다양합니다. 요즘은 추적가능성(traceability)이나 셀프 계산대 등에도 유용하게 활용되고 있습니다.

도난 방지

게이트를 통과할 때 IC 태그가 보내는 신호 전파를 감지하여 부정을 체크한다.

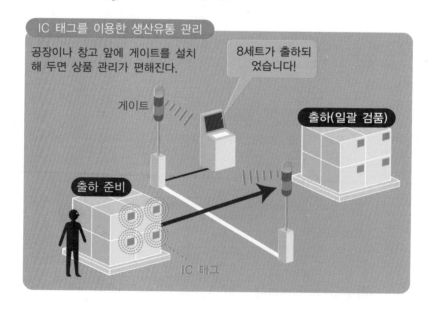

IC 태그를 이용한 생산유통 관리

공장이나 창고 앞에 게이트를 설치해 두면 상품 관리가 편해진다.

8세트가 출하되었습니다!

게이트

출하(일괄 검품)

출하 준비

IC 태그

　요즘은 식품의 안전성 문제가 제품이 언제 어디서 생산되었는지와 같은 생산지 정보를 표시해야 합니다. 이를 **추적가능성**(traceability)이라고 하는데, 여기에도 IC 태그가 주역을 맡고 있습니다. 왜냐하면 바코드와는 달리 풍부한 정보량을 IC에 기억시킬 수 있기 때문입니다.

　현대의 생산 관리의 기본은 가능한 한 재고를 줄인다는 **저스트 인타임**(Just In Time) **방식**으로, 여기서도 IC 태그가 활약하고 있습니다. 공장이나 창고 앞에 게이트를 설치해 두면 언제 어디를 무엇이 통과했는지에 대한 정보를 네트워크로 공유할 수 있으며, 어디에 어떤 상품이 몇 개 있는지와 같은 상세한 정보도 바로 파악할 수 있습니다.

　더욱이 요즘의 마트에는 손님이 직접 계산을 하는 **셀프 계산대**가 보급되고 있습니다. 여기에도 IC 태그를 이용하려고 시도하고 있습니다. IC 태그는 데이터를 순식간에 읽어 들이므로 상품 바구니를 계산대에 통과시키기만 해도 눈 깜짝할 사이에 계산을 끝낼 수도 있습니다. 가까운 미래에는 계산대에 사람이 줄을 서 있는 풍경을 더는 볼 수 없을지도 모릅니다.

물탱크 없는 화장실

화장실은 '화장'이라는 어원에 어울리게 날로 청결하고 아름답게 진화하고 있습니다. 진화된 화장실의 상징 중 하나가 물탱크가 없는 화장실입니다.

유치원생이나 초등학생 중에는 쪼그려 앉아서 볼일을 보는 변기를 사용하지 못 하는 아이들이 있다고 합니다. 그만큼 양변기가 보급되었다는 증거입니다. 처음으로 양변기가 보급될 당시만 해도 물을 한 번 내리는 데 20리터를 사용했다고 합니다. 하지만 지금은 4리터 정도 사용하는 것도 있습니다. 정말 많이 발전한 것입니다.

최근에는 **물탱크가 없는 화장실**이 인기입니다. 탱크를 두는 공간이 필요 없기 때문에 깔끔하고 화장실을 넓게 쓸 수 있어 좋습니다. 물탱크 없는 화장실은 예전에도 있었지만 수압이 낮은 지역에서는 사용할 수 없고 수압이 세기 때문에 물 내리는 소리가 시끄럽다는 불만이 많았지만, 요즘은 이런 문제를 개선한 제품도 등장했습니다.

물을 내리는 원리 중 대표적인 것으로는 '씻어 내리는 방식'과 '사이펀 방식' 두 종류가 있습니다. 전자는 수압으로 오물을 내려 보내는 방식이고, 후자는 **사이펀의 원리**를 이용하여 빨아들이는 방식입니다. 이 원리는 석유통을 사용하여 석유스토브의 탱크에 석유를 넣을 때도 이용합니다.

⫾⫾⫾ 사이펀의 원리 ⫾⫾⫾

화장실에서 물을 내리는 방법은 '씻어 내리는 방식'과 '사이펀 방식'이 대표적입니다. 사이펀 방식의 경우는 '사이펀의 원리'를 이용하여 빨아 들입니다.

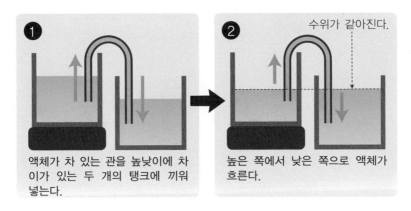

① 액체가 차 있는 관을 높낮이에 차이가 있는 두 개의 탱크에 끼워 넣는다.

② 수위가 같아진다.

높은 쪽에서 낮은 쪽으로 액체가 흐른다.

⫾⫾⫾ 변기에 설치되어 있는 '트랩' ⫾⫾⫾

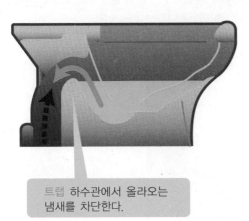

트랩 하수관에서 올라오는 냄새를 차단한다.

사이펀 방식은 사이펀의 원리를 이용하기 때문에 변기에 보가 설치되어 있습니다. 이것을 '트랩'이라고 하는데, 물을 받아 두어 하수관에서 올라오는 악취를 차단하기 위해 씻어 내리는 방식에도 설치되어 있습니다.

||| 에어 드라이브 방식 탱크리스 화장실 |||

INAX(LIXIL)가 개발한 에어 드라이브 방식의 탱크리스 화장실은 공기 펌프를 사용하여 사이펀의 원리를 보조합니다.

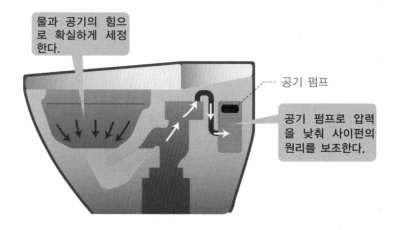

물과 공기의 힘으로 확실하게 세정한다.

공기 펌프

공기 펌프로 압력을 낮춰 사이펀의 원리를 보조한다.

||| 턴 트랩 방식 탱크리스 화장실 |||

파나소닉이 개발한 턴 트랩 방식 탱크리스 화장실은 트랩을 모터로 회전시켜 적은 물로도 세정을 할 수 있습니다.

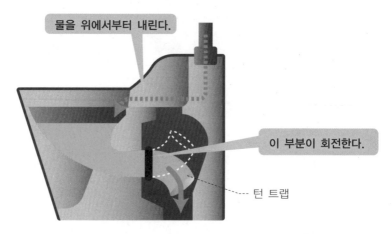

물을 위에서부터 내린다.

이 부분이 회전한다.

턴 트랩

　두 방식 모두 변기에 **트랩**이라는 칸막이가 설치되어 있습니다. 사이펀 방식에서는 '사이펀의 원리'를 작용시키는 데 필수적인 장치지만, 씻어 내리는 방식에서도 필요합니다. 왜냐하면 변기에 물을 고여 둔 상태로 해 두어 배수관에서 올라오는 냄새의 역류를 막기 위해서입니다.

　물탱크 없는 화장실의 이야기로 되돌아가서, 문제는 급수 탱크 없이 이 트랩을 넘어 어떻게 오물을 내려 보내는가 하는 점입니다. 화장실 제조업 체는 이 문제를 어떻게 해결하고 있을까요?

　예를 들어 TOTO는 보조 탱크를 변기에 내장시켜 이 문제를 극복했습 니다. 수도에 보조 탱크의 물을 더하는 것입니다. LIXIL이 판매하고 있 는 INAX의 경우는 '에어 드라이브 방식'을 채택했습니다. 오물을 내려 보낼 때 트랩 안쪽의 공기 압력을 낮춰 사이펀의 원리를 강화시켰습니다. 파나소닉이 채용한 '턴 트랩 방식'은 오물을 내려 보낼 때 트랩을 역전시 키는 방식입니다. 이렇게 하면 보가 없는 만큼 수압이 높지 않아도 됩니 다. 단, 작동 시 전기를 사용하므로 정전 시에는 이용할 수 없습니다.

전지의 기원은 '개구리'였다!?

전지를 처음 만든 것은 이탈리아의 볼타라고 합니다. 이는 1800년의 일인데, 볼타는 어떻게 해서 전지를 발견한 것일까요? 그 계기는 개구리 다리의 '경련'이라고 합니다.

1780년 이탈리아의 동물학자인 갈바니가 개구리를 해부할 때 다리에 메스를 대자 경련이 일어나는 것을 발견했습니다. 갈바니는 개구리의 다리가 전기의 근원이라고 생각하고 '동물전기'라고 이름을 붙였습니다. 볼타는 갈바니의 생각에 의문을 품고 '두 개의 다른 금속이 접촉하면 전기를 일으킨다'고 생각했습니다. 이 생각을 바탕으로 소위 '볼타 전지'를 만든 것입니다.

전지의 기원이 개구리 다리였다고 생각하면 역사란 참 묘하고 재미있는 것 같습니다. 참고로 전압의 단위인 '볼트'는 볼타의 이름에서 유래한 것입니다.

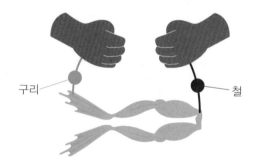

구리

철

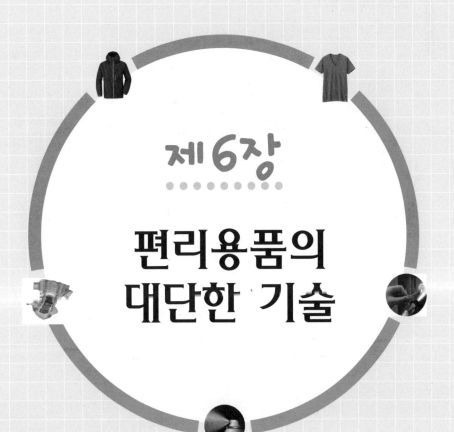

제6장
편리용품의 대단한 기술

유니클로의 히트테크를 비롯해 우리의 생활을 쾌적하고 편리하게 해 주는 다양한 상품들에는 단순해 보여도 잘 알려지지 않은 '대단한 기술'이 사용되고 있습니다.

발수 스프레이

우산이나 코트에 '칙칙' 뿌려두면 빗방울이 튕겨 나갑니다. 비 오는 날의 칙칙함을 씻어주는 편리한 아이템입니다.

오래된 우산은 빗물이 잘 안 털리는 경우가 많습니다. 하지만 발수 스프레이를 한번 뿌려두면 새 우산처럼 빗방울이 튕겨 나갑니다. 스키장에 가서 스키복에 뿌리면 눈 위에서 넘어져도 젖지 않습니다.

스프레이의 주성분인 발수제에는 여러 종류가 있지만 옷이나 우산 등에 뿌리는 발수제의 대부분은 불소수지가 성분입니다. 불소수지는 매우 안정된 물질로 다른 물질과 화학작용을 하지 않습니다. 이것은 프라이팬의 표면 가공에 사용된다는 점에서도 잘 알 수 있습니다. 다른 물질과 화학작용을 일으키지 않는 이 성질은 물에 대해서도 마찬가지입니다. 따라서 불소수지 미립자를 뿌려두면 물이 번지지 않고 튕겨 나가는 것입니다. 이것이 발수의 원리입니다.

자동차 유리에 뿌리는 발수제는 대부분 실리콘 수지가 성분입니다. 실리콘 수지는 규소를 골격으로 한 수지입니다. 규소는 탄소와 친척으로, 탄소로부터 만들어진 기름이 물과 분리되는 것처럼 실리콘 수지에도 물을 멀리하는 성질이 있습니다. 바로 물을 싫어하는 성질을 이용하여 발수 효과를 내는 것입니다.

차 유리에 실리콘 수지 발수제를 이용하는 이유는 유리의 주성분이 규소이므로 궁합이 잘 맞기 때문입니다. 와이퍼로 문질러도 잘 떨어지지 않습니다.

||| 불소수지 발수제의 원리 |||

발수 스프레이를 뿌린 원단에 물방울이 붙어도 표면을 덮은 발수제의 친유성(소수성) 효과로 튕겨 나갑니다. 하지만 발수제의 배열이 흐트러지면 물이 침투합니다. 이를 때는 발수 스프레이를 다시 뿌리면 됩니다.

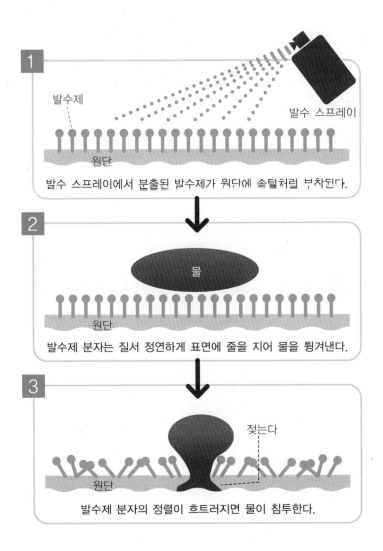

1 발수제 / 발수 스프레이 / 원단

발수 스프레이에서 분출된 발수제가 원단에 솔털처럼 부차된다.

2 물 / 원단

발수제 분자는 질서 정연하게 표면에 줄을 지어 물을 튕겨낸다.

3 젖는다 / 원단

발수제 분자의 정렬이 흐트러지면 물이 침투한다.

의복의 경우와 마찬가지로 유리용 발수 스프레이의 발수제는 유리 표면을 덮어 발수 효과를 냅니다. 여기에 사용되는 실리콘 수지는 유리와 궁합이 잘 맞아 쉽게 떨어지지 않습니다. 그래서 와이퍼로 문질러도 괜찮습니다.

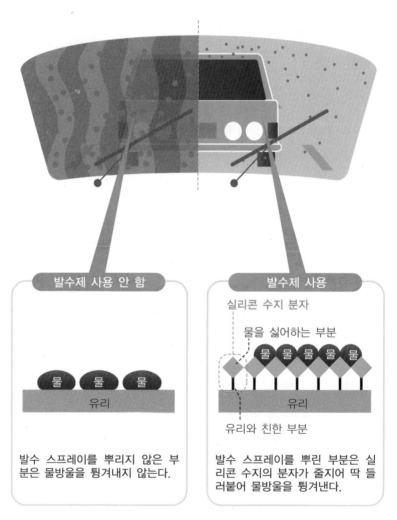

발수제 사용 안 함

발수제 사용

실리콘 수지 분자

물을 싫어하는 부분

유리

유리와 친한 부분

발수 스프레이를 뿌리지 않은 부분은 물방울을 튕겨내지 않는다.

발수 스프레이를 뿌린 부분은 실리콘 수지의 분자가 줄지어 딱 들러붙어 물방울을 튕겨낸다.

유리에 뿌리는 실리콘 수지의 발수 원리를 좀 더 자세히 살펴봅시다. 발수제를 뿌리면 유리와 궁합이 맞는 실리콘 수지의 분자가 표면을 빈틈없이 덮어 물 분자가 들어오지 못하게 합니다. 더욱이 유리와 궁합이 맞는 실리콘 수지의 분자는 유리에서 잘 떨어지지 않습니다. 이것이 분자의 세계로 본 발수의 비밀입니다.

참고로 규소는 영어로 silicon(실리콘)이라고 하는데, 그 유기화합물인 실리콘(silicone)과는 다른 물질입니다. 우리나라에서는 규소와 실리콘으로 구분하여 사용하는 경우가 많습니다.

발수와 비슷한 말로 **방수**가 있는데, 발수는 물을 튕겨 나가기만 하는 반면 방수는 물을 통과시키지 않는다는 것을 의미합니다. 방수 가공된 의류가 땀이 차는 이유는 바로 이 때문입니다.

고어텍스

물과 수증기는 근본은 똑같지만 큰 차이가 하나 있습니다. 이 차이를 이용한 것이 투습 방수 소재인데, 대표적인 제품이 고어텍스입니다.

방수 가공된 옷을 입으면 땀이 차서 불쾌감을 느낀 경험이 있을 것입니다. '젖지 않는다'와 '땀이 차지 않는다'는 상대적인 성질이기 때문에 어쩔 수 없지만, 이 모순된 성질을 둘 다 해결한 소재가 바로 **투습 방수 소재**입니다. 최초로 선보인 제품명이 **고어텍스**였기 때문에 이쪽을 더 많이 사용합니다.

이 소재는 여러 겹의 원단을 붙여 만든 것인데, 안쪽 한 장에 수많은 미세한 구멍이 있는 막이 포함되어 있습니다. 이 구멍은 공기나 수증기는 통과시키지만 물은 통과시키지 않습니다. 따라서 바깥쪽의 빗방울은 안으로 들어올 수 없지만 몸에서 나오는 수증기는 밖으로 방출됩니다. 이렇게 해서 '젖지 않고 땀도 차지 않는' 모순된 성질을 둘 다 겸비한 원단이 만들어진 것입니다.

물과 수증기는 똑같은 것이라고 생각할지도 모릅니다. 둘 다 수소 원자 두 개와 산소 원자 한 개가 결합한 물 분자(H_2O)로 되어 있습니다.

||| 젖지도 않고 땀도 차지 않는 성질을 가진 고어텍스 |||

고어텍스를 제조·판매하는 회사는 미국의 WL 고어 & 어소시에이션입니다. '젖지 않는다'와 '땀이 차지 않는다'는 정반대의 성질을 겸비한 비밀을 살펴봅시다.

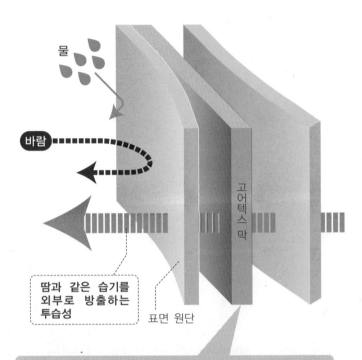

물

바람

고어텍스 막

땀과 같은 습기를 외부로 방출하는 투습성

표면 원단

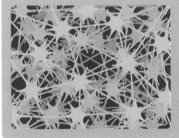

'젖지 않고 땀도 차지 않는' 비밀은 이 막의 틈(구멍)의 크기에 있습니다. 공기나 수증기는 이 막을 통과할 수 있지만 비와 같은 물은 통과할 수 없습니다.

||| 물 클러스터 |||

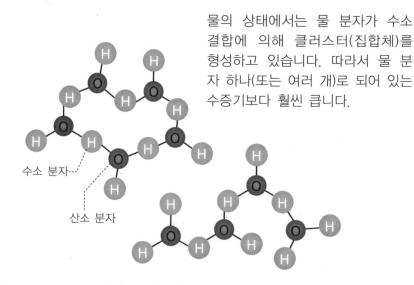

물의 상태에서는 물 분자가 수소 결합에 의해 클러스터(집합체)를 형성하고 있습니다. 따라서 물 분자 하나(또는 여러 개)로 되어 있는 수증기보다 훨씬 큽니다.

수소 분자

산소 분자

||| 수증기는 통과하고 물은 통과하지 않는 원리 |||

물은 클러스터로 되어 있기 때문에 수증기보다 훨씬 큽니다. 막의 구멍이 수증기보다 크고 물보다 작으면 수증기는 통과하고 물은 통과시키지 않습니다.

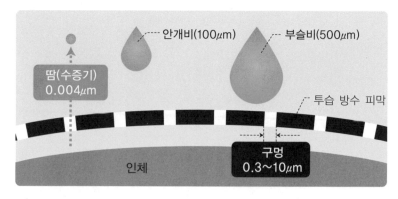

안개비(100μm)

부슬비(500μm)

땀(수증기)
0.004μm

투습 방수 피막

구멍
0.3~10μm

인체

하지만 분자 레벨에서 보면 물과 수증기에는 큰 차이가 있습니다. 물은 물 분자가 **클러스터**라는 많은 집합체로 되어 있는 반면, 수증기는 한 개나 몇 개의 물 분자로 되어 있습니다. 따라서 어느 정도 큰 구멍이 아니면 물은 통과하지 못하지만 수증기는 통과할 수 있습니다. 물 분자를 사람으로 비유하자면 한 사람이 통과할 수 있는 구멍에 여러 사람이 손을 잡고 나란히 통과할 수 없는 것과 같습니다.

참고로 '물은 통과하지 못 하지만 수증기는 통과한다'와 '물은 통과하지 못 하지만 땀은 배출한다'는 다른 말입니다. 땀은 수증기가 아니라 물입니다. 따라서 젖은 땀은 배출하지 않습니다. 또한 젖은 곳에 오랫동안 앉아 있으면 바깥의 수분이 수증기로 바뀌어 안쪽으로 역류해 오는 경우가 있습니다. 이렇듯 원리를 모르면 소재의 장점을 살려 사용할 수 없습니다.

요즘은 투습 방수 소재를 저가에 생산할 수 있어 응용 분야가 넓어졌습니다. 예를 들어 '비가 내려도 괜찮은' 이불 커버도 이 소재를 이용하고 있습니다. 커버를 씌우면 이불의 수증기는 밖으로 나오지만 비는 스며들지 않습니다.

정전기 방지 제품

건조한 겨울 자동차 문에 손을 대면 '찌릿' 하고 정전기를 느끼는 경우가 있는데, 불쾌한 정전기로부터 해방시켜 주는 제품이 있습니다.

서로 다른 두 종류의 사물이 마찰을 일으키거나 떨어질 때 **정전기**가 발생합니다. 한자어 '정(靜)'을 쓴다고 해서 얕보면 안 됩니다. 문손잡이를 잡았을 때 쇼크를 느끼면 실제는 몇 천 볼트의 전압이 발생합니다. 작은 벼락을 맞는 것과 비슷한 수치입니다.

정전기와 전선에 흐르고 있는 전기는 다른 것이 아니라 둘 다 전자가 연출하는 현상입니다. 정전기란 말의 '정'은 전자가 '움직이지 않는다'는 것을 나타낼 뿐이고, 움직이지 않는 정전기가 대지로 한꺼번에 이동할 때 우리가 '찌릿'하고 느끼는 것입니다.

정전기의 피해를 받지 않으려면 두 가지 방법이 있는데, 하나는 정전기를 몸에 지니지 않는 것이고 다른 하나는 천천히 흘려보내는 것입니다.

정전기를 몸에 지니지 않도록 해주는 제품으로는 정**전기 방지 스프레이**가 대표적입니다. 이 제품은 세제의 성분인 계면활성제가 주요 성분입니다. 뿌리면 계면활성제가 표면을 덮어 습도를 흡수하거나 유지하도록 해 줍니다. 이 수분에서 전기가 흐르기 때문에 정전기가 쌓이지 않는 것입니다.

||| 정전기가 발생하는 메커니즘 |||

두 종류의 사물에 마찰이 생기거나 떨어질 때 정전기가 발생합니다. 여기서는 자동차의 좌석 시트를 예로 그 메커니즘을 설명하겠습니다.

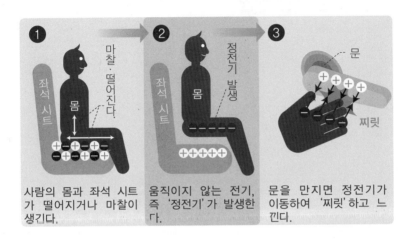

① 사람의 몸과 좌석 시트가 떨어지거나 마찰이 생긴다.

② 움직이지 않는 전기, 즉 '정전기'가 발생한다.

③ 문을 만지면 정전기가 이동하여 '찌릿'하고 느낀다.

||| 정전기 방지 스프레이의 원리 |||

정전기 방지 스프레이의 성분은 계면활성제입니다. 이것이 아래 그림과 같이 일렬로 나열되어 보습 효과를 발휘합니다. 정전기는 이 수분을 타고 도망가는 것입니다.

||| 정전기 제거 키홀더의 원리

정전기 제거 키홀더는 끝 부분이 전도성 고무로 되어 있습니다. 인체의 정전기는 그 끝 부분에서 천천히 흘러 나갑니다. 정전기 제거 키홀더 중에는 방전 시에 방전관이 반짝여서 방전된 것을 확인할 수 있는 것도 있습니다.

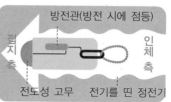

||| 정전기를 제거하는 비결

벽 등을 만져서 천천히 방전시키는 것입니다. 주유소에서 '정전기 제거 시트'를 만지는 것과 똑같은 원리입니다. 또한 손바닥 전체로 만져서 정전기의 흐름을 한 곳에 집중시키지 않는 방법도 효과적입니다.

◉ 벽이나 정전기 제거 시트를 터치

◉ 손바닥 전체로 만진다

　섬유유연제를 사용하여 빤 옷을 입는 것도 효과적입니다. 빨래의 마무리를 촉촉하게 해 주기 때문에 빨래 후의 옷 표면에는 계면활성제 성분이 남습니다. 이 성분이 수분을 축적해서 전기가 흘러가기 쉽도록 해 줍니다.

　정전기를 천천히 흘려보내는 제품으로는 **정전기 제거 키홀더**를 들 수 있습니다. 끝 부분에 전도성 고무가 붙어 있어 적당한 전기저항이 생기도록 설계되어 있습니다. 문손잡이에 손을 대기 전에 키홀더의 끝부분을 먼저 갖다 대면 몸에 지니고 있던 정전기가 천천히 흘러가 제거되어 아픔을 느끼지 않게 됩니다.

　무엇보다 이런 제품을 사용하지 않아도 간단히 정전기의 불쾌함으로부터 해방되는 방법이 있습니다. 하나는 문을 손가락이 아니라 손바닥 전체로 잡는 것이고, 다른 하나는 문에 손을 대기 전에 근처의 벽을 한 번 만지는 것입니다. 손바닥 전체로 만지면 정전기가 흐르는 면적이 늘어 불쾌감이 감소됩니다. 또한 벽을 만지면 전기가 천천히 흘러 제거됩니다.

히트테크

절전과 웜비즈 추세에 힘입어 크게 인기를 모은 기능성 의류. 히트테크로 대표되는 새로운 의류의 원리를 파헤쳐 봅시다.

유니클로와 도레이(TORAY)가 공동 개발하여 히트를 친 **히트테크**는 발열, 보습, 흡한속건이라는 속옷이 갖춰야 할 뛰어난 성질을 갖고 있습니다. 남녀노소를 막론하고 많은 지지를 받으며 매년 매출이 늘고 있습니다. 최근에는 속옷에 국한되지 않고 그 우수한 특성을 살린 티셔츠나 청바지도 나왔습니다.

이러한 특징을 갖고 있는 속옷은 히트테크만 있는 것은 아닙니다. 일반적으로 보습이나 발열 등과 같은 특별한 성질을 겸비한 의류를 **기능성 의류**라고 하여, 대형 마트들도 독자적인 브랜드를 만들고 있습니다. 섬유산업의 생산이 크게 감소하는 가운데, 기능성 의류의 원료섬유(**기능성 섬유**)는 매출이 크게 늘고 있습니다.

보습발열 효과를 갖고 있는 의류의 대부분에는 레이온과 아크릴, 폴리에스터와 같은 섬유나 원단을 결합하여 각각의 특징을 살리고 있습니다. 그 일례를 히트테크로 살펴봅시다.

||| 기능성 섬유의 3대 특징 |||

기능성 의류를 짜는 섬유가 기능성 섬유입니다. 흡습발열성을 이용하거나 공기를 품게 하거나 세라믹 등을 짜 넣은 '적외선 방사'를 이용하는 것들이 있습니다.

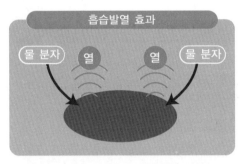

섬유는 물 분자를 흡수하여 물 분자의 운동에너지를 열로 변환한다.

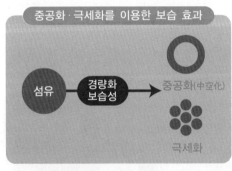

섬유를 가늘게 하거나 안에 공기를 넣음으로써 공기를 유지하여 보습 효과를 높이고 가볍게 만든다.

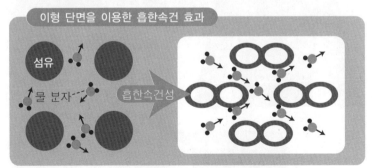

이형화를 함으로써 모세혈관 현상이 생겨 흡수성이 향상된다.

||| 섬유별 흡습발열성 비교 |||

어떤 섬유든 수분을 빨아들이면 열이 발생하지만, 그 정도는 섬유의 종류에 따라 다릅니다. 아래 그림은 흡습발열성을 비교한 것으로, 아크릴이 가장 높고 폴리에스터가 가장 낮습니다.

||| 여러 섬유를 결합한 기능성 섬유 |||

섬유가 갖고 있는 성질을 활용하기 위해 기능성 의류는 몇 가지 섬유를 결합하여 만듭니다.

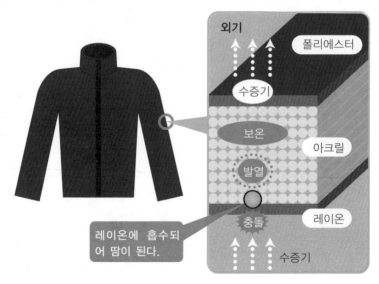

　피부에 닿는 부분에는 면 촉감의 레이온을 사용하고 있습니다. 피부에서 나오는 수증기는 레이온이 갖고 있는 뛰어난 흡습성 때문에 물(즉, 땀)이 됩니다. 이때 **응축열**이 생겨 섬유의 온도가 올라갑니다. 이것이 따뜻하게 느껴지는 비밀로, 2~3도 상승한다고 선전하는 제품도 있습니다. 사람은 하루에 1리터에 가까운 수분을 피부로부터 방출하는데, 그 생리작용이 따뜻함의 원동력으로 이용되는 것입니다.

　레이온의 바깥쪽은 아크릴로 되어 있습니다. 극세 가공되어 보온성이 높은 아크릴 섬유는 체온이나 발생한 응축열로 데워진 공기를 보존합니다. 또한 아크릴은 흡습성도 높기 때문에 몸을 차게 만드는 땀은 여기서 바깥쪽으로 나가게 됩니다. 아크릴 바깥쪽에는 폴리에스터 섬유가 있습니다. 보통의 폴리에스터도 수분을 방출하는 속건성이 뛰어나지만 이형단면을 가지도록 개량된 폴리에스터는 땀을 바로 바깥으로 방출하여 증발시킵니다.

　이것이 얇고 가벼운 속옷이 따뜻함을 유지하는 원리입니다. 이렇듯 기능성 의류에는 현대과학의 정수가 결집되어 있는 것입니다.

누진다초점 콘택트렌즈

사람은 50세를 전후로 가까이 있는 것이 잘 안 보이게 됩니다. 그렇다고 돋보기 안경을 쓰기에는 아직 이르다고 생각할 때 도움이 되는 것이 누진다초점 콘택트렌즈입니다.

누구나 돋보기 안경을 쓰는 것에 거부감을 느낍니다. 특히 평소에 안경을 쓰지 않던 사람은 돋보기 안경을 쓰는 데 상당한 용기가 필요합니다. 그런 사람에게 인기가 있는 것이 **누진다초점 콘택트렌즈**입니다.

렌즈 하나에 원시용과 근시용이 둘 다 들어 있는데 둘을 결합하는 방법은 제조사에 따라 다릅니다. 이미 실용화된 두 가지 타입을 살펴봅시다.

첫 번째는 누진다초점 안경을 모방한 콘택트렌즈입니다. 중간 부분부터 바깥쪽을 향해 연속적으로 렌즈의 굴절률을 바꿔 원시부터 근시까지 커버하고 있습니다.

이 방법의 경우 멀리 있는 것을 볼 때는 렌즈의 중앙 부분을, 가까이 있는 것을 볼 때는 시선을 움직여 주변부를 사용합니다. 따라서 사용법이 비슷한 누진다초점 안경에 익숙한 사람은 사용하기 편합니다. 하지만 가까운 곳에서 먼 곳으로, 또는 먼 곳에서 가까운 곳을 바라볼 때 시선을 이동해야 하기 때문에 돋보기 안경과 마찬가지로 눈의 움직임이 부자연스럽습니다. 또한 밝기가 갑자기 달라질 때 눈동자의 크기가 바뀌어 지금까지 보이던 것이 잘 안 보이는 경우도 있습니다.

||| 누진다초점 안경을 모방한 타입의 구조 |||

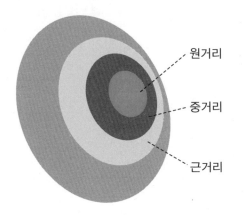

중심부터 원거리, 중거리, 근거리가 배치되어, 누진다초점 안경을 사용하는 사람은 사용하기 편합니다.

원거리

중거리

근거리

||| 누진다초점 안경을 모방한 타입의 눈의 움직임 |||

이 타입의 콘택트렌즈에서 눈의 움직임은 누진다초점 안경과 비슷합니다.

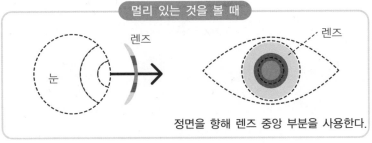

멀리 있는 것을 볼 때

렌즈

눈

렌즈

정면을 향해 렌즈 중앙 부분을 사용한다.

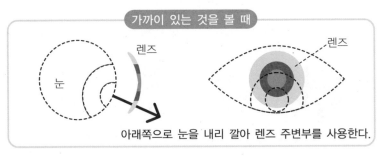

가까이 있는 것을 볼 때

렌즈

눈

렌즈

아래쪽으로 눈을 내리 깔아 렌즈 주변부를 사용한다.

||| 원근 렌즈를 번갈아 배치한 타입의 구조 |||

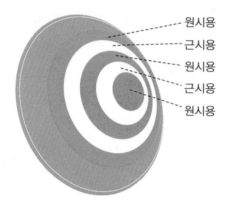

원시용
근시용
원시용
근시용
원시용

원근 렌즈가 동심원 모양으로 번갈아 배치되어 있습니다. 익숙해질 때까지 시간이 걸리지만 시선의 움직임이 자연스럽습니다.

||| 원근 렌즈를 번갈아 배치한 타입의 원리 |||

이 타입의 콘택트렌즈는 뇌가 원근 대상물을 구분하는 것과 똑같은 원리를 사용하고 있습니다.

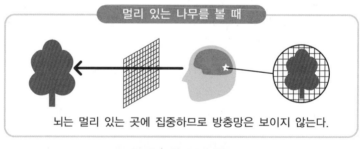

멀리 있는 나무를 볼 때

뇌는 멀리 있는 곳에 집중하므로 방충망은 보이지 않는다.

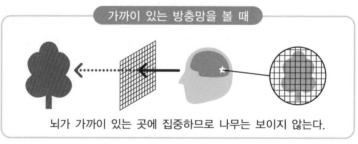

가까이 있는 방충망을 볼 때

뇌가 가까이 있는 곳에 집중하므로 나무는 보이지 않는다.

312

두 번째는 원시와 근시 렌즈가 동심원 모양으로 몇 겹 배치되는 렌즈입니다. 좀 신기한 렌즈인데, 사람의 시각의 원리를 적절히 이용하고 있습니다.

이 렌즈로 원근을 구분하는 것은 방충망 너머로 창문 밖의 나무를 보는 것과 비슷합니다. 밖의 나무를 볼 때 뇌는 멀리 있는 나무만을 인식하기 때문에 가까이에 있는 방충망의 망은 보이지 않습니다. 반대로 방충망의 망을 볼 때는 멀리 있는 나무는 보이지 않습니다. 요약하면 밖을 볼 때는 가까이에 있는 이미지를, 가까운 곳을 볼 때는 멀리 있는 이미지를 뇌가 지워 주는 것입니다.

두 번째 렌즈에 익숙해지려면 다소 시간이 걸리지만 익숙해지면 몇 가지 장점이 있습니다.

먼저 원근을 전환할 때 시선의 이동이 거의 필요 없다는 점입니다. 돋보기 안경을 사용할 때와 같이 눈을 아래로 내리 깔 필요가 없습니다. 또한 갑자기 밝기가 변해도 지금까지 보였던 것이 안 보는 일도 없습니다.

종이기저귀

출산율 저하와 고령화로 관련 산업이 급격히 쇠퇴하고 있지만 이와 반대로 점점 활기를 띠는 산업이 있습니다. 바로 고령화 사회의 필수품인 종이 기저귀 업계입니다.

언제부터인가 가정의 빨랫줄에 아기의 천기저귀가 널려 있는 풍경이 사라졌습니다. 양질의 **종이기저귀**가 개발되어 기존의 천기저귀가 필요 없어졌기 때문입니다.

쓰고 버릴 수 있을 뿐더러 배설물이 새는 것도 확실하게 막아주는 종이 기저귀의 비밀을 살펴봅시다.

종이기저귀는 크게 표면재, 흡수재, 방수 시트 세 개 층으로 구성됩니다. 피부에 가장 가까운 층인 표면재는 피부와 직접 닿아 소변을 감지하는 부분이기 때문에 **부직포**라는 소재를 사용합니다. 부직포는 피부와 접촉하는 부분을 보송보송한 상태로 유지해 주면서 소변을 옆에 있는 흡수재로 보내는 역할을 합니다.

가운데층에는 표면재로부터 받은 소변을 흡수하여 응고시키는 흡수재가 있습니다. 주요 소재는 **고분자 흡수체**입니다. 고분자 흡수체는 자기 무게의 50배 이상의 소변을 순식간에 흡수하여 굳힐 수 있습니다. 확실하게 응고시켜 주기 때문에 소변이 새지 않고 체중이 실려도 표면재로 다시 되돌아가지 않습니다.

||| 종이기저귀의 구조 |||

삼중 구조로, 표면재에는 부직포, 흡수재에는 SAP, 방수 시트에는 전면 통기성 시트를 사용합니다. 하이테크의 결정체입니다.

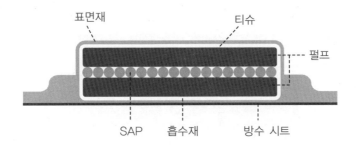

||| 다양한 용도로 사용되는 부직포 |||

종이기저귀에서 피부에 가장 가까운 층에 사용되는 부직포는 말 그대로 '짜지 않은 천'입니다. 마스크나 티백 등 우리 생활에서도 많이 사용하고 있으며, 특히 자동차 시트용이 대표적입니다.

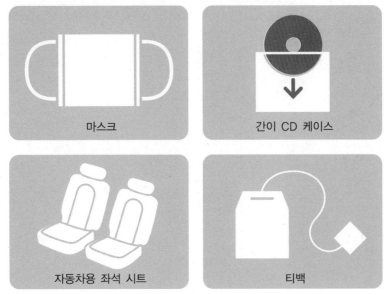

⫾⫾⫾ SAP(고흡수성 수지)의 원리 ⫾⫾⫾

SAP는 소변을 흡수할 때 스펀지가 물을 흡수하는 원리가 아닌 삼투압 원리를 이용합니다. 즉, 이온 농도의 차이로부터 생기는 압력을 사용하여 소변을 흡수하는 것입니다.

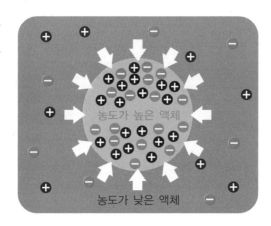

➕ 양 이온

➖ 음 이온

농도가 높은 액체

농도가 낮은 액체

⫾⫾⫾ 전면 통기성 시트의 역할 ⫾⫾⫾

전면 통기성 시트는 종이기저귀의 가장 바깥쪽, 즉 커버로 사용됩니다. 수증기는 통과시키지만 물은 통과시키지 않는 '문지기'와 같은 존재입니다.

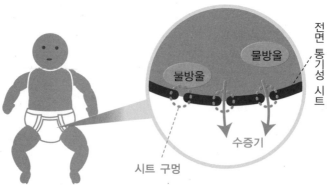

전면 통기성 시트

물방울

물방울

수증기

시트 구멍

고분자 흡수체는 **SAP**라고 하는 **고흡수성 수지**로 되어 있습니다. 처음에는 분말인데, 수분을 흡수하면 고형 젤 상태로 바뀝니다. SAP가 소변을 흡수하는 데 사용하는 것은 삼투압입니다. 삼투압이란 농도가 낮은 액체가 농도가 높은 액체로 이동하는 압력을 말합니다. SAP 내부는 이온 농도가 높은 반면 소변은 낮습니다. 이 농도 차에서 생기는 삼투압을 이용하여 소변을 흡수하는 것입니다.

가장 바깥쪽에 있는 방수 시트는 소변이나 냄새가 밖으로 새지 않도록 하는 마지막 보루입니다. 하지만 통기성이 차단되어 있으면 피부가 짓무를 수 있습니다. 그래서 방수 시트는 전면 통기성 시트를 사용하고 있습니다. 전면에 육안으로는 볼 수 없는 미세한 구멍이 무수히 나 있는 특수한 소재로, 소변이나 냄새는 새지 않도록 하고 수증기만 밖으로 내보내 기저귀 안의 습도를 낮춰 줍니다. 이렇게 해서 피부가 짓무르는 것을 막아 주는 것입니다.

이처럼 종이기저귀에는 현대과학의 껄찡새가 남겨 있습니다.

일회용 핫팩

겨울철 바깥 활동을 할 때 필수품이라고 할 수 있는 일회용 핫팩은 어디서나 몸을 녹일 수 있어서 무척 편리합니다.

겨울철 야외 활동을 할 때 일회용 핫팩은 필수품입니다. 봉투를 열어서 문지르기만 하면 따뜻해지니 정말로 고마운 상품입니다. 최근에는 방재나 절전 요구에서도 이들 제품이 인기를 끌고 있습니다.

일회용 핫팩이 뜨거워지는 비밀은 철을 녹슬게 하는 데 있습니다. 핫팩 안에는 철가루와 활성탄, 물이나 염류 등이 들어 있는데, 이 철가루가 녹슬 때 생기는 반응열로 핫팩이 뜨거워지는 것입니다. 물이나 염류는 철가루가 녹스는 반응 속도를 높이기 위해서, 활성탄은 공기 중의 산소를 흡착시켜 농도를 높이고 철과 반응하기 쉽도록 들어 있습니다.

최근에는 재사용이 가능한 **친환경 핫팩**도 인기가 많습니다. 산소와 나트륨을 반응시켜 만드는 초산나트륨이 본래의 응고점보다 낮은 온도에서 안정된 상태를 갖고 있는 성질을 이용한 아이디어 상품입니다(이 상태를 **과냉각**이라고 함). 안에 장치된 금속을 눌러 자극을 주면 성분 중의 초산나트륨이 순식간에 굳어져 열을 발산합니다.

옛날에는 백금(Hakukin) 핫팩이 유명했습니다. 장시간 사용할 수 있고 여러 번 사용할 수 있기 때문에 지금도 애용하는 사람이 많습니다. 백금 핫팩은 백금의 촉매작용을 이용합니다. 이 작용 덕분에 연료인 벤진(Benzine)을 저온에서 장시간 연소시킬 수 있습니다.

방재나 야외 활동에서 이용한다는 의미에서 대표적인 발열 제품을 하

||| 일회용 핫팩의 구성물 |||

생활의 필수품이지만 의외로 핫팩의 내용물은 알려져 있지 않습니다.
핫팩에는 따뜻하게 해 주는 다양한 장치들이 숨겨져 있습니다.

구성물	
철가루	녹이 슬면서 열을 낸다.
물·염류	철가루가 녹스는 속도를 빠르게 한다.
활성탄	공기 중의 산소를 흡착시켜 산소의 농도를 높인다 (철이 빨리 녹슬게 하기 위해).
보수재	철가루가 서로 들러붙는 것을 막기 위해 물을 담아 두는 것.

나 더 살펴봅시다. 바로 '히트팩', '발열팩', '가열팩' 등으로 부르는 상품입니다. 불이나 전기를 사용하지 않고 물을 붓기만 하면 고온이 발생하여 식품을 가열, 조리할 수 있으므로 재해 시에 아주 편리합니다. 시중에서 파는 도시락에 붙어 있는 것도 인기가 많으며 줄을 잡아당기기만 하면 음식을 데울 수 있습니다. 원리는 단순한데, 산화칼슘(**생석회**라고 함)에 물을 섞으면 고온이 발생하는 원리를 이용한 것입니다. 참고로 이 반응으로 생성되는 것이 수산화칼슘입니다. 이는 **소석회**라고도 하는데, 산화된 흙을 알칼리화할 때도 이용될 정도로 강한 염기성 물질이므로 취급에 주의가 필요합니다.

Technology 078
형상기억셔츠

다림질에서 해방시켜 주는 형상기억셔츠는
어떻게 모양을 기억하는 것일까요?

와이셔츠의 소재는 주로 면입니다. 수분을 잘 흡수하며 착용감이 좋기 때문입니다. 하지만 면 셔츠는 빨았을 때 주름이 잘 생긴다는 단점도 있습니다. 바쁜 현대 생활에서 매일 다림질을 하는 것은 정말 힘든 일입니다.

그래서 현재 판매되는 대부분의 와이셔츠에는 **형상기억**이라는 가공이 되어 있습니다. 형상기억은 '형태 안정' 또는 '다림질 불필요'라고 부르는 섬유가공을 통틀어 부르는 말입니다. 형상기억 가공이 되어 있으면 빨아서 널기만 하면 모양이 잡히므로 다림질이 필요 없습니다.

형상기억 가공의 원리를 살펴보기 전에 옷에 주름이 왜 생기는지를 먼저 살펴봅시다. 면 섬유는 천연 셀룰로오스 분자가 느슨하게 연결된 것으로, 내부에는 크고 작은 많은 틈이 있습니다. 빨래를 하면 이 틈 사이에 물이 스며들어 팽창·변형하는데, 그대로 건조시키면 섬유가 변형된 상태로 고정되어 버립니다. 이것이 주름의 원인입니다.

주름이 생기지 않도록 하려면 물에 의한 섬유의 팽창을 억제하면 됩니다. 이에 대한 해결책으로 고안된 것이 **가교반응**입니다. 섬유와 섬유가 단단히 연결되도록 분자 사이에 다리를 놓는 화학반응을 이용하는 것입니다. 이렇게 하면 물이 스며들어도 섬유는 팽창하지 않습니다.

예전에는 가교반응에 포르말린을 사용했지만, 현재는 피부나 환경에 좋은 다양한 물질이 고안되어 있습니다.

||| 면 섬유에 주름이 생기는 원리 |||

의류에 많이 사용되는 면은 수분을 잘 흡수하는 반면 물을 흡수하면 주름이 잘 생깁니다. 주름이 생기는 메커니즘을 살펴봅시다.

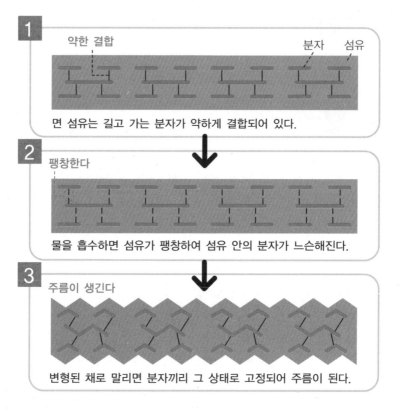

1 약한 결합　　　　　　　　　　　　　　분자　섬유

면 섬유는 길고 가는 분자가 약하게 결합되어 있다.

2 팽창한다

물을 흡수하면 섬유가 팽창하여 섬유 안의 분자가 느슨해진다.

3 주름이 생긴다

변형된 채로 말리면 분자끼리 그 상태로 고정되어 주름이 된다.

||| 가교반응에 의한 형상기억 가공 |||

가교반응을 이용하여 섬유 안의 분자들을 강하게 고정시키면 물을 흡수해도 잘 변형되지 않습니다.

강한 결합

　가교반응을 이용하여 섬유의 변형을 막는 기술은 비단 면뿐만이 아닙니다. 모직에도 이용되는 것으로 '물빨래가 가능한 양복' 등이 있습니다. 모직 섬유는 표면이 비늘모양으로 되어 있어 물을 품으면 끝이 갈라져 일어나 옆의 섬유와 뒤엉킵니다. 이것이 모직 제품을 물로 빨면 줄어드는 원인입니다. 여기서 섬유를 수지로 얇게 감싸서 연결시켜 두면 젖어도 섬유가 서로 얽히지 않고, 건조시키면 원래 모양으로 되돌아갑니다.

　참고로 형상기억 가공된 의류는 물방울이 떨어질 정도로 '젖은 채로 말리는 것'이 좋습니다. 왜냐하면 수분의 무게로 주름이 자연스럽게 펴지기 때문입니다.

땀·냄새 제어 스프레이

여자뿐 아니라 남자도 땀 냄새나 체취를 신경 쓰는 시대가 되었습니다. 덕분에 데오드란트 상품의 판매는 호조세를 이어가고 있습니다.

'땀은 남자의 훈장'이라며 땀 냄새가 남자의 심볼처럼 여겨지던 시대가 있었습니다. 하지만 이제 '땀 냄새'는 기피 대상인 시대가 되었습니다. 그런 만큼 데오드란트 제품은 남자에게도 인기입니다.

데오드란트 제품이란 땀을 억제하거나 땀 냄새를 없애주는 제품을 말합니다. 엄격히는 땀을 억제하는 것은 '제한', 땀 냄새를 없애주는 것은 '제취'라고 구분하지만, 대부분의 제품은 이 둘을 모두 겸비하고 있기 때문에 이런 구분은 별 의미가 없습니다.

형태로는 롤러 타입, 크림 타입, 스프레이 타입 세 종류가 있습니다. 여기서는 가장 인기가 많은 스프레이 타입을 살펴보겠습니다.

먼저 '땀 억제'의 원리에 대해서 살펴봅시다. 스프레이의 경우 뿌린 부분이 냉각되므로 기본적으로 땀을 억제하는 효과가 발생합니다. 그래서 제품의 선전용으로 플러스 알파가 필요합니다. 얼마나 땀샘에 잘 작용하여 땀을 억제하는지에 대한 연구가 제품의 세일즈포인트가 됩니다. 예를 들면 스프레이에 섞여 있는 성분이 땀샘에 들어가 직접 땀의 발생을 억제하는 제품도 있습니다.

║ 땀 제어 스프레이의 원리는 땀샘을 막는다 ║

땀 제어 스프레이의 한 예로 유니레버의 '레세나'라는 제품을 살펴봅시다. 성분이 땀샘에 들어가 젤 상태가 되어 땀샘을 막아 땀을 차단합니다.

1 겨드랑이에 땀 제어 스프레이를 뿌린다.

2 스프레이가 땀을 내는 땀샘에 부착된다.

3 성분이 땀에 녹아 젤 상태를 형성한다.

4 형성된 젤이 땀샘을 막는다.

||| 냄새가 나는 메커니즘 |||

땀은 지방산이나 글리세린으로 되어 있는데, 사실은 냄새가 없습니다. 이 지방산이 피부의 균에 의해 분해될 때 냄새가 나는 것입니다.

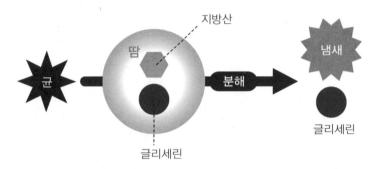

||| 냄새를 제거하는 원리 |||

피부 균의 증식을 억제하거나 냄새 성분을 분해해서 냄새를 제거합니다. 냄새 제거에 효과적이며 인체에 무해한 것으로 은 이온이 유명합니다.

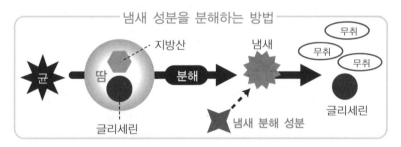

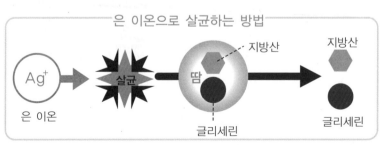

다음으로 '냄새 제거'를 살펴봅시다. 의외라고 생각할지 모르지만 사람의 땀 자체에는 냄새가 없습니다. 사실은 피부의 상재균이 땀을 먹고 번식할 때 나는 분해물에서 냄새가 나는 것입니다. 그래서 냄새가 나기 쉬운 겨드랑이 아래를 살균 처리해 두면 땀 냄새를 줄일 수 있습니다. 상재균 번식에서 나온 분해물을 정화시켜도 냄새를 줄일 수 있습니다. 그중 인기가 많은 것은 은 이온을 포함한 상품으로, 은 이온은 사람에게는 무해하지만 살균과 정화 효과가 강력합니다.

현대인들은 냄새나 향에 민감한 듯합니다. 실제로 데오드란트 제품 중 가장 잘 팔리는 것은 상당히 연한 향이 나는 '비누향'이라고 합니다. 프랑스의 경우 냄새를 즐기고 적극적으로 어필하는 문화가 있습니다. 남자가 향수를 뿌리는 것을 당연히 여기는 것이 그 일례입니다. 우리도 가까운 미래에는 '냄새 제거'가 아니라 '발향' 문화가 보급될지도 모릅니다. 그때 땀 억제 스프레이의 향으로 어떤 것이 인기가 있을까요?

흡한속건 의류

여름철 에너지 대책의 일환으로 쿨 비즈 룩이 인기입니다. 이를 위한 고기능 의류가 속속 개발되고 있습니다.

지구온난화 대책의 일환으로 냉방에만 기대지 않고 여름의 더위를 이겨낼 아이디어들이 속속 선보이고 있습니다. 그중 땀을 빨리 흡수하여 바로 증발시키는 **흡한속건성**을 내새운 의류가 개발되었습니다. 기술의 단면을 살펴봅시다.

먼저 다중 구조로 된 소재로 만들어진 의류입니다. 안쪽에는 굵은 섬유, 바깥쪽에는 가는 섬유로 다층화하면 모세혈관 현상을 이용하여 땀을 펌프처럼 안쪽에서 바깥쪽으로 이동시켜 증발시킬 수 있습니다. 상쾌한 속옷이나 스포츠웨어에 주로 이용합니다.

다음은 땀에 의한 습도를 감지하여 통기를 조절하는 섬유입니다. 이것은 습도로 변형되는 섬유로 짠 옷감을 이용하고 있습니다. 옷감이 땀에 젖으면 통기성이 나빠져서 옷 안쪽에 땀이 찹니다. 이를 막기 위해 말랐을 때는 꼬불거리게 해서 통기성을 막고, 땀이 났을 때는 늘어나 통기성을 좋게 하는 섬유로 옷감을 짜는 것입니다. 이런 옷감으로 만든 의류는 땀이 나면 올과 올 사이가 열리고, 마르면 원래 상태로 되돌아가기 때문에 항상 뽀송뽀송하게 땀이 차지 않습니다.

||| 다중 구조로 된 소재 |||

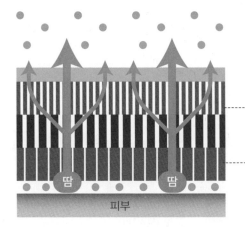

굵기가 다른 실을 다층화
하여 피부의 땀을 모세혈
관 현상으로 흡수하여 바
깥쪽으로 확산시킵니다.

---------- 가는 섬유

---------- 굵은 섬유

||| 통기 조절 소재 |||

습도에 의해 모양이 바뀌는 섬유로 짠 소재로, 직물의 올을 개발하여
통기를 조절합니다.

◉말랐을 때 : 옷감의 올 사이가 닫혀 있다.

섬유가 팽창한다.

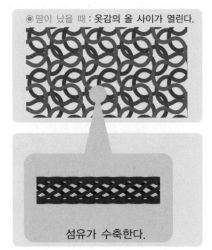

◉땀이 났을 때 : 옷감의 올 사이가 열린다.

섬유가 수축한다.

||| 섬유 자체가 흡한속건성을 갖고 있는 소재 |||

큐프라의 땀 배출 작용을 이용합니다. 폴리에스터와 비교하면 피부와
옷감 사이에 수분이 쌓이지 않고 공기 중으로 습기를 쉽게 방출합니다.

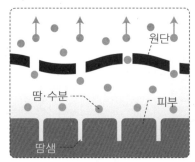

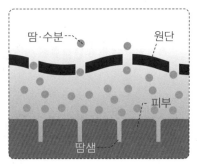

||| 땀을 털어내는 소재 |||

피부 쪽에 발수 폴리에스테르를 울퉁불퉁한 모양으로 배치하고, 튀어나
온 부분에서 땀을 털어내는 동시에 흡수층으로 이동한 땀이 다시 되돌
아오지 않으므로 피부 쪽은 보송보송한 상태가 유지됩니다.

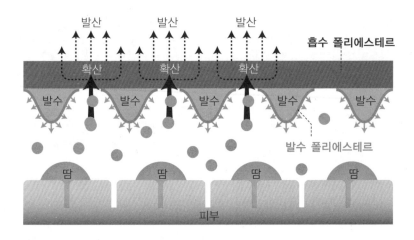

더욱이 섬유 자체가 흡한속건성을 갖고 있는 소재를 사용하여 만드는 의류도 있습니다. 예를 들어 **큐프라**(Cupra)라는 섬유는 예전에는 '벰버그(Bemberg)'라는 이름으로 양복 원단에 이용되었는데, 흡한속건 소재로서 다시 각광을 받고 있습니다. 목화씨에 붙어 있는 솜털로 만들어진 재생 셀룰로오스 섬유로, 구멍이 많이 있어 흡습방습성이 뛰어나며, 땀이 차거나 들러붙는 것을 섬유 자체가 억제해 줍니다. 이 소재로 만든 속옷은 여름에도 쾌적합니다.

스포츠웨어의 경우는 이 정도의 섬유로는 땀을 빨리 흡수할 수 없습니다. 그래서 여기에 다른 가공 기술을 추가한 스포츠웨어도 개발되었습니다. 안쪽에는 발수 폴리에스테르의 돌기를 배치하고, 바깥쪽의 흡수 폴리에스테르 섬유와 결합함으로써 바깥쪽의 흡수 부분에서는 다 흡수하지 못한 땀을 옷 아래쪽으로 튕겨 떨어지게 하는 것입니다.

옛날 사람들은 여름에 마 소재의 옷을 즐겨 입었습니다. 통기성이 좋고 피부에 들러붙지 않는 흡한속건성이 있기 때문입니다. 흡한속건 의류 개발의 원점은 여기에 있는지도 모릅니다.

생물에서 배우는 지혜 '바이오미미크리'

　요즘 공학 분야에서는 바이오미미크리(Biomimicry) 또는 바이오미메틱스(Biomimetics)라는 말을 자주 사용합니다. 우리말로는 '생체모방'이라고 하는데, 그 이름에서 알 수 있듯이 생물의 모습이나 생태로부터 사람에게 도움이 되는 다양한 특징들을 모방하려는 기술입니다. 그 예를 '도마뱀붙이 테이프(찍찍이 테이프)'로 살펴봅시다.

　찍찍이 테이프는 일본의 닛토전공이 개발한 것으로 도마뱀붙이가 벽을 자유자재로 오르락내리락할 수 있는 원리를 조사하던 중에 발에 미세한 섬유가 무수히 있다는 것을 발견했습니다. 이 섬유가 벽면의 미세한 틈에 들어가 유리벽도 쉽게 이동할 수 있는 것입니다. 그래서 미크로 섬유를 무수히 심은 테이프를 만들었는데, 도마뱀붙이의 발처럼 어디나 붙고 쉽게 떼어진다는 것을 알 수 있었습니다. 이렇게 하여 '찍찍이 테이프'가 만들어진 것입니다.

　이 예에서 알 수 있듯이 생물에는 다 배울 수 없을 만큼 많은 지혜와 정보로 가득 차 있습니다. 앞으로 발전이 기대되는 분야입니다.

제7장

문방구의
대단한 기술

연필로 글씨를 쓰는 원리나 지우개로
글자를 지우는 원리를 궁금하게 생각해
본 적은 별로 없을 것입니다. 우리 주
변에 있는 문방구를 '기술'의 관점에서
생각해 봅시다.

연필

연필의 '연(鉛)'은 납을 뜻하는데, 그렇다면 연필에 정말 납이 들어 있는 걸까요? 그보다 연필로 어떻게 종이에 글씨를 쓸 수 있는 것일까요?

　연필은 '납 연(鉛)'에 '붓 필(筆)'로 쓰기 때문에 '연필심에는 납이 들어 있다'는 우스갯소리도 있었습니다. 하지만 실제로 연필에는 납이 들어 있지 않습니다. 납을 한자로 쓰면 '연(鉛)'이기 때문에 혼동한 듯하지만, 연필에는 납과 똑같은 '연'자를 쓰는 **흑연**(黑鉛)이 들어 있습니다. 연필심은 흑연과 점토로 되어 있습니다.

　흑연은 탄소로 되어 있는데, 흑연과 마찬가지로 탄소로 되어 있는 것으로 다이아몬드가 있습니다. 하지만 둘은 전혀 다른 것입니다. 이와 같이 동일한 원소로 되어 있지만 성질이 전혀 다른 것을 **동소체**라고 합니다.

　사람의 눈에는 보이지 않는 나노 단위로 보면 흑연은 쉽게 떨어져 나가는 탄소 층으로 되어 있습니다. 바로 쉽게 떨어져 나가는 성질이 매우 중요한데, 필압을 가하면 탄소 층에서 떨어져 나가 검은 가루가 됩니다. 이 가루가 글씨나 그림의 선이 되는 것입니다.

　흑연은 약 450년 전에 영국에서 발견된 직후 바로 필기도구로 사용되었습니다. 이것이 연필의 시초입니다. 하지만 지금과 같은 연필의 형태가 된 것은 그로부터 250년 후의 일입니다.

||| 흑연과 다이아몬드는 성분 원소가 똑같다 |||

흑연(그라파이트라고도 함)과 다이아몬드는 모두 '탄소 원자'로 되어 있지만 결합 방법이 다릅니다. 이와 같이 성분 원소는 똑같아도 다른 물질을 '동소체'라고 합니다. 흑연은 탄소 층이 겹쳐져 있고 각 층은 쉽게 떨어져 나갑니다. 이 성질이 글씨를 쓰게 해주는 비밀입니다.

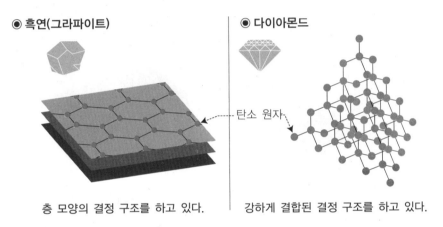

◉ 흑연(그라파이트)　◉ 다이아몬드

탄소 원자

층 모양의 결정 구조를 하고 있다.　강하게 결합된 결정 구조를 하고 있다.

||| 연필로 종이에 글씨를 쓰는 원리 |||

종이 표면은 식물섬유가 겹쳐져 있습니다. 이 섬유의 틈에 흑연 가루가 들어가 글씨가 써지는 것입니다.

흑연 가루　종이 섬유

||| 일반 연필과 색연필의 재료 |||

앞에서 말했듯이 보통의 검은 연필(검은 심 연필이라고 함)의 심은 점토와 흑연을 섞어서 구운 것입니다. 한편 색연필의 심은 왁스나 안료와 같은 유성 재료를 활석(talc)과 함께 반죽하여 굳힌 것입니다. 참고로 활석은 베이비파우더 등에도 사용하는 재료로, 글씨를 쓸 때 매끄럽게 해 줍니다.

◉ 일반 연필

점토 30%
HB 심
흑연 70%

◉ 색연필

왁스 25%
심
안료 20%
활석 50%
풀 5%

||| 색연필이 지우개로 지워지지 않는 이유 |||

일반적으로 색연필로 쓴 것은 지우개로 지우기 힘듭니다. 왜냐하면 색연필의 심 성분이 '유성'이기 때문입니다.

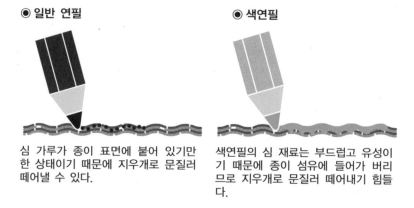

◉ 일반 연필

심 가루가 종이 표면에 붙어 있기만 한 상태이기 때문에 지우개로 문질러 떼어낼 수 있다.

◉ 색연필

색연필의 심 재료는 부드럽고 유성이기 때문에 종이 섬유에 들어가 버리므로 지우개로 문질러 떼어내기 힘들다.

그런데 연필로 종이에는 글을 쓸 수 있지만 철이나 유리에는 쓸 수 없는 이유는 무엇일까요? 그 이유는 좀 전에 설명한 흑연의 성질에 있습니다. 탄소 층이 필압에 의해 떨어져 나가려면 어딘가에 걸려야 하는데, 철이나 유리 표면은 딱딱하고 매끈하기 때문에 흑연 층이 걸리지 않습니다. 한편 종이는 식물섬유로 되어 있기 때문에 표면이 거칩니다. 거친 종이 표면에 흑연이 걸리면 떨어져 나온 검은 가루가 종이의 섬유 내부로 들어갑니다. 이것이 종이에 연필로 글을 쓸 수 있는 원리입니다. 이처럼 눈에 보이는 세계에서는 당연히 생각했던 일들을 미크로 관점에서 보면 모두 이유가 있는 것입니다.

연필심은 B와 H라는 **기호**를 사용하여 심의 **농도**(진하기)와 **경도**(단단한 정도)를 나타냅니다. B는 Black, H는 Hard의 머리글자로, B 앞에 붙는 숫자가 크면 클수록 무르고 진하며, H 앞에 붙는 숫자가 크면 클수록 단단하고 연합니다. 연필의 강도는 연필과 점토의 비율에 따라 결정됩니다. 예를 들어 HB는 흑연 70%에 점토가 30%로 되어 있습니다. B의 숫자가 클수록 흑연이 많이 포함된 것입니다. 참고로 H와 HB의 중간 단계인 F도 있습니다. F는 Firm의 머리글자입니다.

샤프펜슬

심을 깍지 않고 사용할 수 있는 샤프펜슬이라는 이름은 일본의 가전업체 '샤프'의 창업자가 제품화한 것에서 유래합니다.

초등학교에서는 연필을 사용할 것을 권장하지만, 생활에서 연필을 사용할 기회는 점점 줄고 있습니다. 왜냐하면 연필을 대신할 샤프펜슬이 있기 때문입니다. 사람들은 샤프펜슬을 줄여서 그냥 '샤프'라고 부릅니다.

샤프펜슬은 영어로 되어 있어 서양에서 만들어진 줄 착각하는데, 제품으로 처음 개발된 것은 일본입니다. 샤프펜슬은 지금으로부터 약 100년 전에 일본의 가전업체 샤프의 창업자인 하야카와 도쿠지 씨가 개발하고 이름을 붙인 것입니다. 최초의 제품은 꼭지(knob)를 누르는 식이 아니라 회전식이었다고 합니다. 꼭지를 누르는 방식이 개발된 것은 그로부터 50년이 지난 1960년이었습니다.

지금은 1000원도 하지 않는 샤프펜슬도 있는데, 실제로 그 원리는 아주 정교합니다. 손가락으로 꼭지를 누르면(이것을 '노크한다'라고 합니다) 물림쇠(chuck)가 심을 잡아서 앞으로 밀어냅니다.

끝까지 누르면 물림쇠가 열리고 정해진 길이 이상으로는 심이 안 나옵니다. 꼭지가 되돌아갈 때는 끝에 있는 고무로 된 물림쇠가 심을 잡고 있어서 심은 되돌아가지 않습니다. 이와 같이 마찰력을 이용하여 심의 균형을 절묘하게 조절합니다.

||| 꼭지를 누르는 방식의 샤프펜슬의 원리 |||

꼭지(knob)를 누르는 방식의 샤프펜슬의 원리는 참으로 정교합니다. 손가락으로 꼭지를 누를 때마다 물림쇠가 심을 집어 앞으로 밀어냅니다.

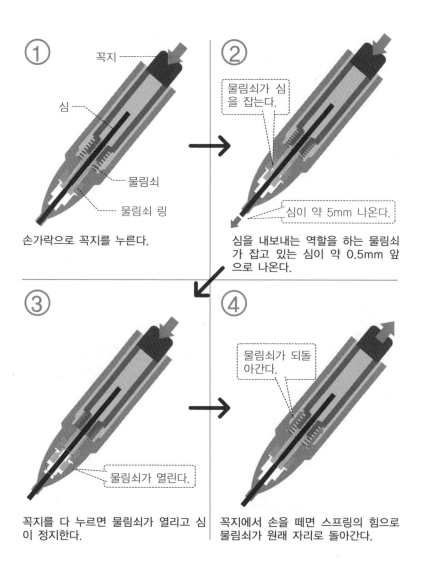

① 꼭지
심
물림쇠
물림쇠 링

손가락으로 꼭지를 누른다.

② 물림쇠가 심을 잡는다.
심이 약 5mm 나온다.

심을 내보내는 역할을 하는 물림쇠가 잡고 있는 심이 약 0.5mm 앞으로 나온다.

③ 물림쇠가 열린다.

꼭지를 다 누르면 물림쇠가 열리고 심이 정지한다.

④ 물림쇠가 되돌아간다.

꼭지에서 손을 떼면 스프링의 힘으로 물림쇠가 원래 자리로 돌아간다.

‖‖ 심 가이드의 구조 ‖‖

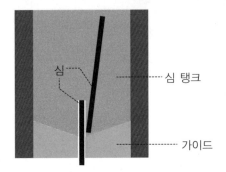

심을 연속해서 내보내는 심 가이드의 구멍 크기는 심 한 개보다는 크고 두 개보다는 작게 설계되어 있습니다. 그래서 샤프펜슬의 심이 하나씩 나오는 것입니다.

‖‖ 샤프펜슬의 심 제조 방법 ‖‖

샤프펜슬의 심 제조 방법은 연필의 심과는 다릅니다. 점토가 아니라 플라스틱 수지를 섞어서 구운 후(많이 섞으면 부드러운 심이 만들어짐), 기름이 스며들게 해서 매끄럽게 만듭니다. 이렇게 하면 가늘어도 부러지지 않고 부드럽게 써지는 심을 만들 수 있습니다.

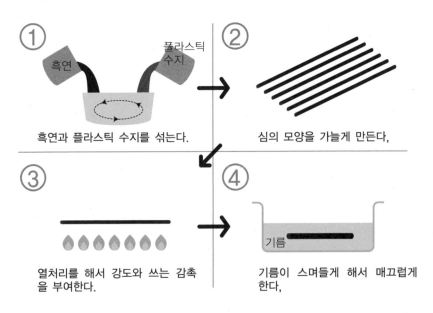

340

여담이지만 노크하면 나오는 '찰칵찰칵' 하는 소리는 안에 있는 물림쇠 링(chuck ring)이 벽에 부딪혀 나는 소리입니다. 물림쇠 링은 물림쇠의 움직임을 가드하여 심을 잡는 것을 도와줍니다. 이 링이 금속인 경우에는 듣기 좋은 소리가 납니다.

샤프펜슬의 심(줄여서 **샤프심**)은 발매 당시에는 직경이 1mm를 넘었다고 합니다. 왜냐하면 보통의 연필심을 사용했기 때문입니다. 연필심은 점토와 흑연으로 되어 있기 때문에 가늘게 만들기 어렵습니다. 하지만 지금의 샤프펜슬의 심을 보면 0.5mm보다 가는 것도 있습니다. 이런 가는 샤프심은 플라스틱 수지와 흑연을 원료로 사용한 심(수지심이라고 함)이 개발되었기 때문에 가능해졌습니다. 가는 심을 모양을 만들어 구워서 굳히면 플라스틱이 탄소로 바뀌므로, 탄소가 거의 100%인 단단한 심을 만들 수 있습니다. 이 경우 같이 섞는 플라스틱의 양에 따라 심의 단단함이 결정됩니다.

볼펜

평소에 무심코 사용하는 볼펜은 종류가 매우 많습니다. 각종 볼펜에 들어 있는 기술들을 살펴봅시다.

　문구점의 필기 코너에 가면 화려한 색과 다양한 모양의 볼펜이 있어 필요가 없는데도 그만 사 버리고 맙니다. 그 다양함은 겉모양뿐만 아니라 안의 잉크나 구조도 마찬가지입니다.

　먼저 볼펜의 기본 구조를 파악해 둡시다. 볼펜이라는 이름은 끝에 금속 볼이 들어가 있어 붙은 이름입니다. 이 볼이 붓 역할을 해서 잉크를 종이에 옮기는 것입니다. 볼펜은 저가든 고가든 모두 끝에 미크로 레벨의 가공이 되어 있습니다. 그래서 언뜻 보기에 튼튼해 보여도 섬세하기 때문에 찌르거나 떨어뜨리면 망가지므로 주의하기 바랍니다.

　처음에도 말했듯이 볼펜의 잉크나 구조는 너무 다양합니다. 볼펜은 이미 기술적으로 포화 상태로 보이지만 아직도 다양한 연구와 노력들이 계속되고 있습니다.

　그 한 예로 **가압 볼펜**을 살펴봅시다. 보통의 볼펜은 심을 위로 향해 쓰면 잉크가 나오지 않습니다. 왜냐하면 위로 향하게 하면 중력 때문에 잉크가 아래로 내려가서 글을 쓸 때 공기를 끌어들이기 때문입니다. 잉크와 볼 사이에 공간이 생기면 글을 쓸 수 없습니다. 여기서 잉크 심의 공기압을 높여 잉크가 항상 볼을 향하도록 만든 것이 가압 볼펜입니다. 그러면 심을 위로 향해 필기를 해도 괜찮습니다.

||| 볼펜의 구조

볼펜 끝에 금속 볼이 있는데, 이 볼이 회전하면서 잉크가 나옵니다.

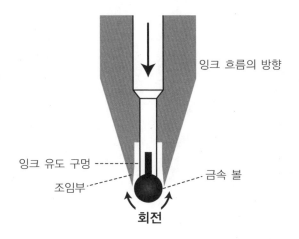

||| 가압 볼펜의 원리

잉크에 압력을 가하여 구슬과 잉크가 떨어지는 것을 방지합니다. 볼펜이 어떤 방향으로 향하든 부드럽게 쓸 수 있습니다.

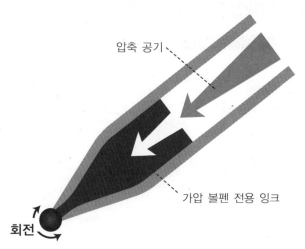

||| 글씨가 지워지는 원리 |||

'지워지는 볼펜'으로 쓴 글씨가 지워지는 비밀은 지우개로 문지를 때 발생하는 마찰열에 있습니다. 온도가 60도 이상이 되면 발색되었던 류코 염료가 원래의 무색으로 되돌아갑니다.

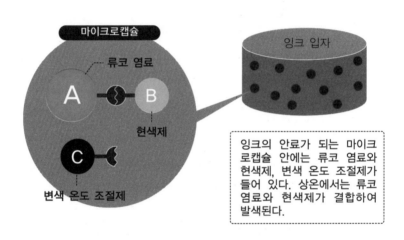

상온

마이크로캡슐

류코 염료

A — B

현색제

C

변색 온도 조절제

잉크 입자

잉크의 안료가 되는 마이크로캡슐 안에는 류코 염료와 현색제, 변색 온도 조절제가 들어 있다. 상온에서는 류코 염료와 현색제가 결합하여 발색된다.

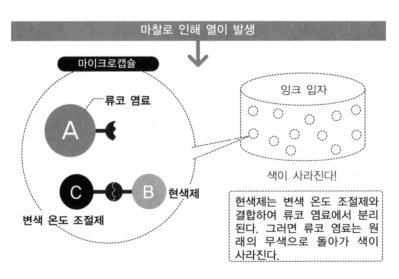

마찰로 인해 열이 발생

마이크로캡슐

류코 염료

A

C — B 현색제

변색 온도 조절제

잉크 입자

색이 사라진다!

현색제는 변색 온도 조절제와 결합하여 류코 염료에서 분리된다. 그러면 류코 염료는 원래의 무색으로 돌아가 색이 사라진다.

또 다른 예로 **지울 수 있는 볼펜**을 살펴봅시다. 이름 그대로 지우개로 지우면 쓴 글자를 지울 수 있는 신기한 펜입니다. 그 비밀은 지우개로 지울 때 발생하는 마찰열에 있습니다. 잉크는 보통 류코(leuco, 로이코라고도 함) 염료, 현색제, 변색 온도 조절제를 하나의 마이크로캡슐에 넣은 안료를 사용하고 있습니다. 마찰로 인해 온도가 올라가면 발색되었던 현색제와 류코 염료 결정체가 분리됩니다. 그러면 류코 염료는 원래의 무색으로 되돌아가므로 잉크의 색이 사라지는 것입니다.

이 원리는 가게에서 사용하는 포인트 카드에도 사용하고 있으며, 노카본 용지(378쪽)에도 응용하고 있습니다.

형광펜

1970년대에 처음으로 개발된 형광펜은 대부분의 사람들의 필통에 하나씩은 들어 있는 인기 상품으로 성장했습니다.

　발매 당시 지금까지 본적이 없는 선명함과 투명함을 갖고 있는 형광펜의 잉크 색에 많은 사람들이 감명을 받았습니다. 그로부터 40년이 지난 오늘날 필통에 하나씩은 들어 있는 필수 상품으로 성장했습니다.

　형광펜의 잉크는 왜 빛나는 것처럼 보일까요? 그 이유는 잉크 안에 **형광물질**이 들어 있기 때문입니다. 형광물질이란 외부로부터 빛을 받아 흡수하면 고유의 색으로 바뀌어 빛나는 물질을 말합니다. 이러한 빛을 **형광**이라고 합니다. 형광펜의 잉크가 밝게 보이는 이유는 함유한 형광물질만큼 빛이 증가하기 때문입니다.

　우리 주변에서 형광물질을 사용하는 것으로는 형광등이 있습니다. 형광관 안쪽에 형광물질을 칠해 관 안쪽에서 방사되는 자외선을 가시광선으로 변환합니다.

　그 외에 LED 조명에도 사용합니다. 여기에는 청색 발광 다이오드를 사용하고 있는데, 보급형의 경우는 파란 빛의 일부가 형광물질로 흡수되어 노란색 빛으로 바뀝니다. 이 노란색 빛이 원래의 파란 빛과 섞여 하얀색이 되는 것입니다.

||| 형광물질이 빛을 발하는 원리 |||

빛을 받아 높은 곳으로 올라간 전자는 에너지를 조금 버리고 원래 위치로 되돌아갑니다. 이 빛이 형광입니다. 형광물질이 빛을 발하는 원리를 살펴봅시다(그림은 이미지입니다).

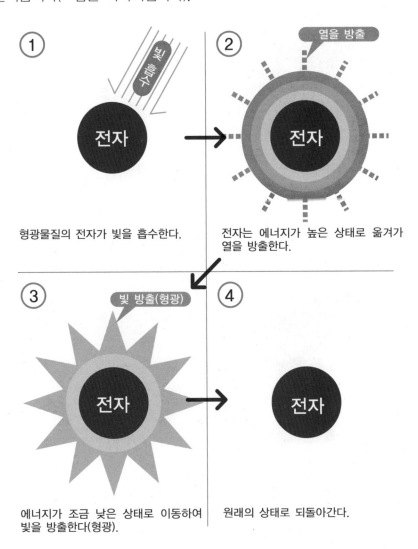

① 형광물질의 전자가 빛을 흡수한다.

② 전자는 에너지가 높은 상태로 옮겨가 열을 방출한다.

③ 에너지가 조금 낮은 상태로 이동하여 빛을 방출한다(형광).

④ 원래의 상태로 되돌아간다.

||| 형광펜의 잉크가 빛나는 원리 |||

일반 잉크와 형광펜 잉크의 차이를 살펴봅시다. 형광펜의 잉크가 밝게 느껴지는 이유는 반사광 외에 형광물질을 갖고 있기 때문입니다.

◉ **노란색 일반 잉크**

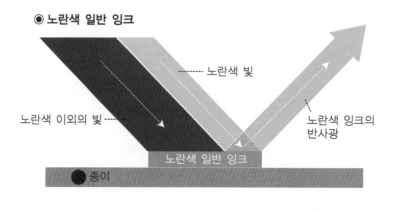

◉ **노란색 형광 잉크**

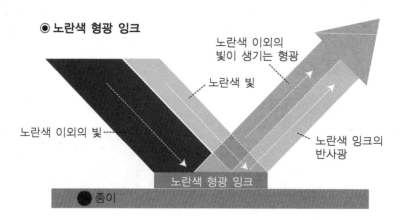

형광이라는 말 때문에 반딧불을 연상해서 스스로 빛을 낸다고 잘못 알고 있는 사람이 많은데, 형광물질은 스스로 빛을 내지는 않습니다. 또한 형광물질을 포함한 도료를 **형광도료**라고 하는데, 이것도 야광도료와 흔히 혼동하는 말입니다. 야광도료는 빛을 축적(**축광**)하기 때문에 야광도료를 칠한 곳은 어둠 속에서도 빛이 납니다. 시계의 다이얼(문자판)에 사용하는 것이 대표적입니다.

형광펜으로 칠해도 아래의 글자가 보이는 이유는 사인펜에 비해 잉크 안의 안료나 도료의 양이 적기 때문입니다. 수채화 물감을 엷게 칠하면 도화지의 스케치가 비쳐 보이는 것과 똑같은 원리입니다.

그렇다면 형광과 헷갈리는 '반딧불'은 무엇이 빛나는 것일까요? 반딧불이 빛나는 것은 **생물 발광**(bioluminescence)이라는 것으로, 차세대 TV 패널로도 유명한 OLED(유기 발광 다이오드)의 원리와 비슷합니다. 어떤 물질은 전기나 화학적 힘을 받으면 특유한 빛으로 바뀝니다. 이 현상을 **발광**(luminescence)이라고 하는데, 반딧불은 이와 같은 물질을 몸 안에서 합성하고 있는 것입니다.

Technology 085
지우개

과거 지우개라고 하면 고무 지우개가 주류였지만 지금은 플라스틱 지우개가 대세입니다. 지우개는 어떻게 연필로 쓴 글자를 지우는 것일까요?

최초의 지우개는 1772년 런던에서 만들어졌다고 합니다. 한편 연필의 경우는 1564년에 흑연이 발견되자마자 바로 흑연을 봉에 끼운 연필이 발명되었습니다. 연필의 발명부터 지우개의 발명까지는 꽤 긴 공백이 있습니다. 연필과 지우개라는 조합을 발견할 때까지 인류는 꽤 오랜 시간이 필요했던 것 같습니다.

그렇다면 지우개로 어떻게 연필의 글자를 지우는 것일까요? 그 비밀은 흑연 입자와 종이와의 관계에 있습니다. 종이에 연필로 쓴 점이나 선은 단지 종이 표면에 흑연 가루가 부착되어 있는 상태입니다(334쪽). 그래서 문질러 털어내면 글자는 없어집니다. 하지만 문지르기만 해서는 퍼지기만 할 뿐 글자가 사라지지는 않습니다. 지우개는 흑연 가루를 같이 뭉쳐서 지우개 가루로 만듭니다. 이것이 지우개로 연필로 쓴 글자를 지우는 비밀입니다.

요즘의 지우개는 플라스틱으로 되어 있는데, 고무보다 더 잘 지워지기 때문에 점유율이 올라가고 있습니다. 또한 예전에는 고무 소재가 많았기 때문에 지우개를 고무 지우개 또는 고무라고도 불렀지만 지금은 그냥 **지우개**로 통일되어 있는 듯합니다.

||| 지우개로 글씨가 지워지는 원리 |||

종이에 쓴 글씨가 지우개로 지워지는 원리는 연필이냐 잉크냐에 따라
다릅니다. 연필의 경우는 종이 위의 흑연을 지우개 가루와 같이 뭉쳐서
지우고, 잉크의 경우는 종이의 섬유까지 통째로 벗겨내서 지웁니다.

◉ 연필의 경우

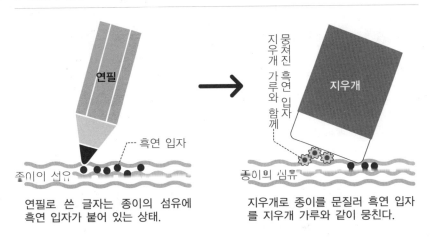

연필로 쓴 글자는 종이의 섬유에
흑연 입자가 붙어 있는 상태.

지우개로 종이를 문질러 흑연 입자
를 지우개 가루와 같이 뭉친다.

◉ 잉크의 경우

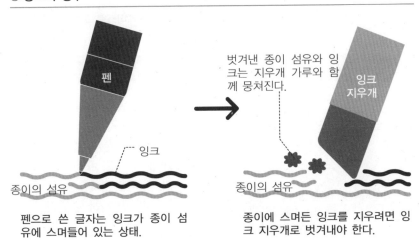

펜으로 쓴 글자는 잉크가 종이 섬
유에 스며들어 있는 상태.

종이에 스며든 잉크를 지우려면 잉
크 지우개로 벗겨내야 한다.

||| 플라스틱 지우개 제조 방법 |||

플라스틱 지우개의 제조 방법을 살펴봅시다. 지우개를 종이로 포장하는 이유는 플라스틱의 재결합을 막기 위해서입니다.

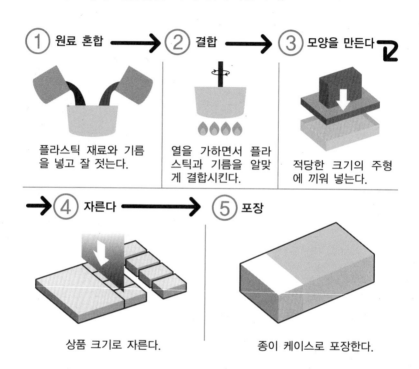

① 원료 혼합 ➡ ② 결합 ➡ ③ 모양을 만든다

플라스틱 재료와 기름을 넣고 잘 젓는다.

열을 가하면서 플라스틱과 기름을 알맞게 결합시킨다.

적당한 크기의 주형에 끼워 넣는다.

➡ ④ 자른다 ➡ ⑤ 포장

상품 크기로 자른다.

종이 케이스로 포장한다.

||| 지우개 포장지 모서리에 홈이 있는 이유 |||

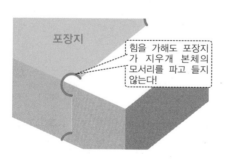

포장지

힘을 가해도 포장지가 지우개 본체의 모서리를 파고 들지 않는다!

지우개 포장지의 모서리에는 홈이 들어가 있는 경우가 있습니다. 이것은 강한 힘으로 지우개를 눌러도 포장지의 모서리가 지우개 본체를 파고 들어가는 것을 방지하기 위한 아이디어입니다.

352쪽의 위 그림은 플라스틱 지우개의 제조 방법을 나타낸 것인데, 완성품은 하나하나 종이 케이스에 넣습니다. 왜냐하면 지우개의 플라스틱이 서로 닿으면 재결합이 일어나 붙어버리기 때문입니다.

또한 잉크로 쓴 글씨는 그냥 지우개로는 지울 수 없습니다. 왜냐하면 잉크로 쓴 글자는 종이의 섬유에 스며들어 있기 때문입니다. 이것을 지우려면 **모래를 사용한 잉크 지우개**가 필요합니다. 고무에 포함되어 있는 모래가 종이에 스며든 잉크를 종이와 함께 벗겨내는 것입니다. 요즘은 잉크 지우개보다 간편한 수정액이나 수정 테이프를 더 많이 사용합니다.

최근에는 반짝반짝 아이디어가 돋보이는 지우개도 나왔습니다. 예를 들면 '모서리 지우개'라는 지우개는 뾰족한 모서리로 글씨를 지울 수 있어 미세한 부분을 지울 때 상당히 편리합니다. 또한 '블랙 지우개'라는 지우개는 검은 플라스틱을 이용하기 때문에 지우개가 흑연 때문에 검어지는 부분이 눈에 띄지 않아 깔끔합니다. 또한 지우개 가루가 검어서 눈에 길 띄기 때문에 뒷처리노 편리압니다.

수정액

볼펜으로 쓴 글자를 지울 때는 수정액을 사용하면 편리합니다. 수정액에 사용되는 흰색은 자외선 차단제에도 사용되는 산화티탄입니다.

잉크로 쓴 글자나 그림을 수정할 때는 수정액이 편리합니다. 발매 당시에는 수정할 부분을 솔로 칠하는 타입이 주류였지만, 지금은 펜 타입이 일반적입니다. 또한 테이프 타입도 인기가 많습니다.

수정액의 성분은 용제로는 **메틸사이클로헥세인**(Methylcyclohexane)이, 글자를 지우는 흰색 안료로는 **산화티탄**이, 안료를 굳히는 고착제로는 아크릴 계열 수지가 사용됩니다. 안료인 산화티탄은 무겁기 때문에 방치해 두면 용제 안에서 분리되어 가라앉습니다. 그래서 장시간 방치한 수정액은 윗부분에 투명한 용제만 모여 있어 사용할 수 없게 됩니다. 이럴 때는 사용 전에 뚜껑을 닫고 잘 흔들면 됩니다. 펜 타입의 수정액에는 이 둘을 잘 섞기 위한 구슬이 들어 있어 흔들면 딸깍딸깍하는 소리가 납니다. 잘 흔든 후에 사용하기 바랍니다.

수정액을 사용할 때 주의해야 할 점은 글자에 사용한 잉크와의 궁합입니다. 궁합이 나쁘면 지우고 싶은 글자의 잉크가 위로 떠 오히려 지저분해질 수 있습니다. 사용하기 전에 궁합을 확인해 보기 바랍니다.

||| 수정액 제조 방법 |||

하얀 가루의 주성분은 산화티탄입니다. 이 하얀색이 종이의 글자를 가려줍니다. 용제는 빨리 말라야 하므로 메틸사이클로헥세인이라는 물질을 주로 사용합니다. 수지는 말랐을 때 하얀 가루가 종이에 들러붙도록 하는 것으로, 아크릴 계열 수지를 이용합니다.

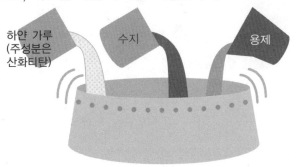

하얀 가루
(주성분은
산화티탄)

수지

용제

||| 수정펜의 원리 |||

수정액 성분인 산화티탄은 용제와 잘 섞이지 않으므로 잘 섞이도록 구슬이 들어 있습니다. 사용 전에 흔드는 것은 이 때문입니다.

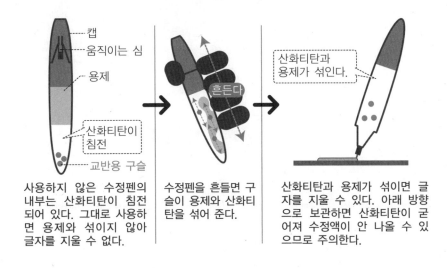

캡
움직이는 심
용제
산화티탄이
침전
교반용 구슬

흔든다

산화티탄과
용제가 섞인다.

사용하지 않은 수정펜의 내부는 산화티탄이 침전되어 있다. 그대로 사용하면 용제와 섞이지 않아 글자를 지울 수 없다.

수정펜을 흔들면 구슬이 용제와 산화티탄을 섞어 준다.

산화티탄과 용제가 섞이면 글자를 지울 수 있다. 아래 방향으로 보관하면 산화티탄이 굳어져 수정액이 안 나올 수 있으므로 주의한다.

⦀ 수정 테이프의 구조

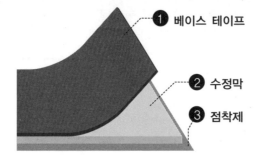

1 베이스 테이프

2 수정막

3 점착제

수정 테이프는 3중 구조를 하고 있습니다. 베이스 테이프는 수정막과 점착제를 얹은 것으로, 종이나 플라스틱 필름을 사용합니다. 수정막은 수정액과 비슷한 것을 사용합니다. 점착제는 수정막을 수정할 종이에 붙여 줍니다.

⦀ 수정 테이프 본체의 내부 구조

기본적으로는 두 개의 릴과 헤드로 되어 있습니다. 사용한 테이프를 감는 릴의 테이프는 종이에 흰 잉크와 풀을 접착시킨 후이므로 사용 전 수정 테이프 릴보다 좀 얇습니다.

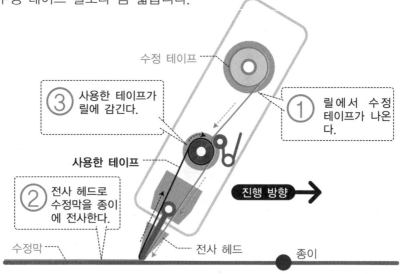

수정 테이프

3 사용한 테이프가 릴에 감긴다.

1 릴에서 수정 테이프가 나온다.

사용한 테이프

2 전사 헤드로 수정막을 종이에 전사한다.

진행 방향 →

수정막

전사 헤드

종이

　일상생활에서 '흰색'은 모든 색의 기본이지만 **산화티탄**을 능가하는 흰색은 없다고 합니다. 그래서 수정액은 산화티탄을 흰색 원료로 사용하는 것입니다. 그림물감의 흰색 안료로도 산화티탄을 많이 사용합니다. 여담이지만 산화티탄은 가격이 비싼 탓에 저가의 그림물감에는 대체 물질로 산화아연을 주로 사용합니다.

　산화티탄이라는 말은 문구류 외에도 들어본 적이 있을 것입니다. 바로 화장품의 파운데이션이나 자외선 차단제, 항균제로 사용하는 경우가 많기 때문입니다. 산화티탄에는 신기한 성질이 있는데, 빛을 쬐면 분해 작용이나 친수작용의 촉매로서 작용합니다. 촉매란 스스로는 바뀌지 않고 다른 화학변화를 촉진시키는 성질을 갖고 있는 물질을 말합니다. 빛의 작용으로 촉매작용이 생기는 것을 **광촉매**라고 하는데, 산화티탄이 그 대표적인 물질입니다. 이 성질은 '청소가 필요 없는 화장실', '때가 안 타는 페인트', '김이 서리지 않는 거울' 등의 재료로 다양한 분야에서 활약하고 있습니다.

순간접착제

물건이 깨졌을 때 순간접착제를 사용하면 순식간에 깨진 부분을 붙여 줍니다. 이 찰나의 비밀은 수분에 있습니다.

순간접착제가 물건을 순식간에 접착시켜 주는 원리를 살펴보기 전에 접착제의 기본에 대해 살펴봅시다. 접착제는 액체로 되어 있으며, 붙일 대상의 표면에 넓게 퍼져서 분자 레벨에서 결합을 합니다. 그리고 건조시켜 굳히면 두 면이 딱 들러붙게 되는 것입니다. 이 원리에서 알 수 있듯이 접착제는 처음에는 액체였다가 바른 후에는 고체가 됩니다.

붙는 시간을 크게 좌우하는 것은 액체의 경화에 있습니다. 순간접착제는 '굳히는' 동작이 순식간에 일어나는 접착제입니다. 그렇다면 어떻게 순식간에 굳는 것일까요? 비밀은 공기 중에 있는 수분에 있습니다. 공기 중의 수분에 닿으면 순식간에 굳어지는 물질을 순간접착제에 이용하는 것입니다.

공기 중에는 항상 습기가 있으며, 물건의 표면도 약간의 습기를 띠고 있습니다. 순간접착제는 이 얼마 안 되는 수분을 빨아들여 순식간에 굳는 것입니다.

||| 순간접착제의 원리 |||

말 그대로 물건을 '순식간'에 접착시켜 주는 순간접착제가 액체에서 순식간에 고체로 바뀌는 비밀은 공기 중의 수분에 있습니다.

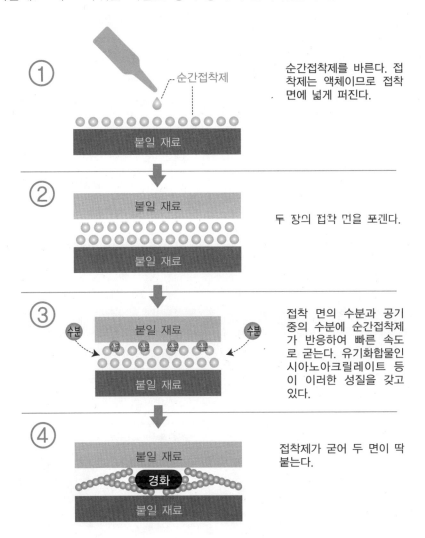

① 순간접착제를 바른다. 접착제는 액체이므로 접착면에 넓게 퍼진다.

② 두 장의 접착 면을 포갠다.

③ 접착 면의 수분과 공기 중의 수분에 순간접착제가 반응하여 빠른 속도로 굳는다. 유기화합물인 시아노아크릴레이트 등이 이러한 성질을 갖고 있다.

④ 접착제가 굳어 두 면이 딱 붙는다.

순간접착제가 굳어지는 메커니즘을 '미크로의 시점'에서 살펴봅시다.

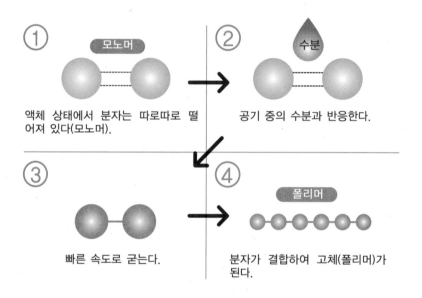

① 액체 상태에서 분자는 따로따로 떨어져 있다(모노머).

② 공기 중의 수분과 반응한다.

③ 빠른 속도로 굳는다.

④ 분자가 결합하여 고체(폴리머)가 된다.

||| 숯의 촉매작용 |||

자신은 반응하지 않지만 화학반응을 촉진시켜 주는 물질을 촉매라고 합니다. 아래 그림과 같이 각설탕을 사용한 실험에서는 숯 안의 탄산칼륨이 연소의 촉매가 됩니다.

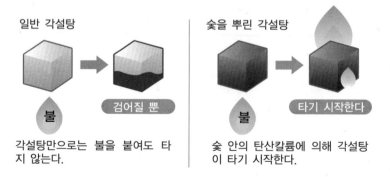

각설탕만으로는 불을 붙여도 타지 않는다.

숯 안의 탄산칼륨에 의해 각설탕이 타기 시작한다.

순간접착제의 대명사가 된 **아론알파**를 예로 들어 그 원리를 살펴봅시다. 주성분은 시아노아크릴레이트라는 물질입니다. 이 물질이 앞에서 설명한 '수분과 접촉하면 굳어지는' 성질을 갖고 있습니다. 보통은 액체 상태로 분자가 따로따로 떨어진 분자(모노머)로 되어 있지만, 공기 중의 수분과 접촉하면 순식간에 분자들이 굳어져서 고체(폴리머)가 됩니다. 이렇게 해서 순간접착이 가능한 것입니다.

이 수분에 해당하는 것을 화학에서는 **촉매**라고 합니다. 화학반응의 속도를 높여주지만 자신은 반응하지 않는 물질을 말합니다. 화학공업에서 촉매는 매우 중요합니다. 물건을 만들 때에는 시간의 척도가 중요하기 때문입니다. 빨리 반응을 일으키도록 만들 수 없으면 아무리 좋은 제품이라도 공업적으로는 의미가 없습니다. 그래서 촉매를 이용하는 것입니다.

일상생활 속에서 접하는 대표적인 촉매가 숯입니다. 타고 남은 숯은 더 이상 연소하지 않지만 연소를 촉진시킬 수는 있습니다. 예를 들어 각설탕은 그 상태로는 불을 붙여도 타지 않지만 숯을 뿌리고 불을 붙이면 타기 시작합니다. 이것이 숯의 촉매작용입니다.

포스트잇

업무나 학습에서 메모지로 빼놓을 수 없는 포스트잇은 책상이나 책, 노트 등에 붙였다 뗄 수 있어 편리합니다.

포스트잇은 미국 3M의 상표로, 일반명사로는 **점착 메모지**(쪽지)라고 합니다. 하지만 주로 포스트잇이라는 상표명으로 부르고 있습니다. 포스트잇은 어떻게 여러 번 붙였다 뗄 수 있는 것일까요? 그 비밀을 알려면 개발의 역사를 거슬러 올라가야 합니다.

지금으로부터 50여 년 전에 3M의 한 연구자가 접착제를 연구 개발하던 중에 잘 떨어지는 점착제를 우연히 만들게 되었습니다. 접착제 연구자로서는 당연히 접착력이 강한 접착제를 기대했기 때문에 '실패작'이라고 생각했지만 마음에 걸리는 부분이 있어서 조사하던 차에 점착제의 분자가 구슬 모양으로 균일하게 분산되어 있다는 것을 발견했습니다. 점착제의 분자가 구슬 모양으로 되어 나열되어 있으면 붙였다 뗐다 할 수 있는 풀이 된다는 것을 발견한 것입니다.

여기에는 뒷이야기가 있습니다. 이 점착제가 바로 포스트잇으로 상품화되어 나온 것은 아닙니다. 당시에는 용도가 애매해서 3M에서 이 풀의 용도를 공모했지만 괜찮은 아이디어가 나오지 않았습니다. 그로부터 5년 후에 개발자와는 다른 연구원이 합창단에서 노래를 부르던 중 끼워놓았던 책갈피가 떨어져 버렸습니다. 바로 이때 '붙였다 뗄 수 있는 용지가 있으면 편리하겠다'는 아이디어가 떠올랐습니다. 그리하여 1974년에 포스트잇이 탄생한 것입니다.

||| 포스트잇을 붙였다 떼는 원리 |||

한번 붙인 포스트잇을 간단히 뗄 수 있는 이유는 풀이 되는 점착제의 구조가 구슬 모양이어서 붙는 면적이 작기 때문입니다

① 접착 전

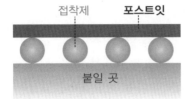

접착제   **포스트잇**

붙일 곳

포스트잇을 종이와 같은 곳에 붙이기 전에는 접착제가 구슬모양으로 되어 있다.

② 접착

붙일 곳

손가락으로 위에서 압력을 가하면 구슬이 옆으로 퍼져 붙일 곳에 달라붙는다.

③ 떼기

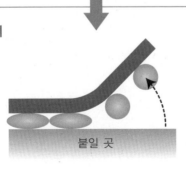

붙일 곳

잡아당기면 풀이 원래 상태로 돌아가 깨끗하게 뗄 수 있다.

'붙였다 뗄 수 있는' 풀을 이용한 제품은 여러 방면에서 활약하고 있습니다. 예를 들어 종이를 포스트잇으로 바꾸는 '뗄 수 있는 스틱풀'이나 보드에 압정이나 자석처럼 종이를 고정시킬 수 있는 '점착 젤리('점착 압정'이라고도 함)'가 그렇습니다. 문구 외에도 청소용구인 '돌돌이'도 붙었다 뗐다 하는 포스트잇의 점착제 성질을 활용한 상품 중 하나입니다. 두 종류의 점착제가 들어 있는 원통을 돌돌 돌려서 머리카락이나 먼지를 흡착시키는 원리입니다.

포스트잇의 내용을 스마트폰으로 촬영해서 메모 편집 클라우드 서비스인 '에버노트'에 저장하는 디지털 문구로서 이용한 것도 화제가 되고 있습니다. 포스트잇의 메모를 디지털화하여 정리하면 분류나 검색이 가능해집니다.

Technology 089
스테이플러

서류를 철하는 데 필수적인 문구 중 하나가 스테이플러입니다. '호치키스'라고 부르기도 합니다.

일본에서 소형 스테이플러가 나온 것은 1952년의 일입니다. 호치키스라는 상품명으로 출시된 이 문구는 눈 깜짝할 사이에 전 세계로 퍼졌습니다. 그래서 스테이플러라는 일반명사보다 호치키스라는 상품명이 더 널리 사용되고 있습니다.

스테이플러의 기본 원리는 옛날이나 지금이나 변함없습니다. 금속가공에서 말하는 프레스 가공을 전용 침에 이용한 것입니다. **드라이버**라는 판의 힘으로 클린처라는 금형 부분에 침이 눌려 안경과 같은 모양으로 구부러집니다. 이와 같이 종이를 철하는 일련의 동작을 **클린치**라고 합니다.

기존의 스테이플러는 클린치되는 침은 안경 모양을 하고 있었기 때문에 서류를 철해서 여러 부를 겹쳐 놓으면 침 부분이 올라와 있어 쌓아놓기 힘들었습니다.

그래서 지금은 **플랫 클린치**(또는 **플랫 철**)라는 침을 구부리는 방식이 인기가 많습니다. 가이드가 되는 금속판을 붙여 침 끝이 평평하게 구부러지도록 하기 때문에 철한 서류를 여러 부 겹쳐 쌓아도 서류를 평평하게 놓을 수 있습니다.

그런데 침은 어떻게 제조하는 것일까요? 재료가 되는 철사를 도금한 후, 신기하게도 접착제를 사용하여 붙여서 만듭니다. 클린치할 때마다 접착된 침이 하나하나 떨어져 나오는 것도 그래서입니다.

⫶⫶⫶ 클린치의 원리

프레스 가공으로 금형에 금속을 눌러 찍듯이 드라이버가 클린처에 침을 누릅니다.

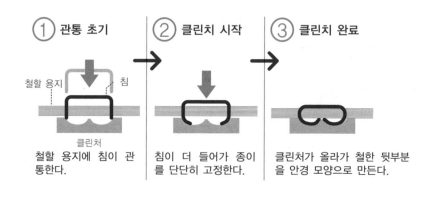

① 관통 초기

철할 용지에 침이 관통한다.

② 클린치 시작

침이 더 들어가 종이를 단단히 고정한다.

③ 클린치 완료

클린처가 올라가 철한 뒷부분을 안경 모양으로 만든다.

⫶⫶⫶ 플랫 클린치의 원리

기존의 스테이플러는 침을 안경 모양으로 구부렸습니다. 플랫 클린치는 침을 구부리는 방법이 말 그대로 플랫(평평)한 것입니다.

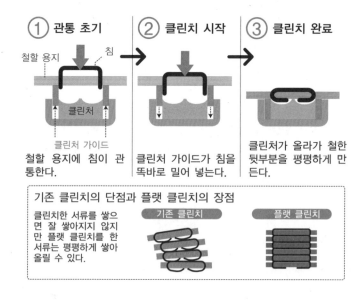

① 관통 초기

철할 용지에 침이 관통한다.

② 클린치 시작

클린처 가이드가 침을 똑바로 밀어 넣는다.

③ 클린치 완료

클린처가 올라가 철한 뒷부분을 평평하게 만든다.

기존 클린치의 단점과 플랫 클린치의 장점

클린치한 서류를 쌓으면 잘 쌓아지지 않지만 플랫 클린치를 한 서류는 평평하게 쌓아 올릴 수 있다.

기존 클린치

플랫 클린치

불필요한 서류를 재활용할 때 '스테이플러의 침을 제거하는 것이 번거롭다'고들 하는데, 철침은 재생지를 만들 때 방해가 안 된다고 합니다. 왜냐하면 폐지는 물에 풀면 흐물흐물해지므로 비중이 높은 철을 간단히 제거할 수 있기 때문입니다. 그래서 스테이플러의 침통을 보면 '호치키스의 침은 폐지 재생지 공정에 지장을 주지 않습니다'라고 쓰여 있습니다.

보급된 지 60년이 지난 스테이플러에 최근 혁명이 일어나고 있습니다. 바로 침이 필요 없는 것, 종이로 된 침, 그리고 몇 십장도 가볍게 철할 수 있는 것 등 새로운 아이디어 상품이 속속 개발되고 있습니다.

Technology 090
칠판

칠판은 흑판이라고도 부르는데, 오늘날의 칠판은 초록색이 일반적입니다. 칠판 면에 글씨를 쓸 수 있는 원리는 무엇일까요?

　칠판은 한국의 개화기 때 들어왔는데 영어의 '블랙보드(Blackboard)'를 직역하여 흑판이라고도 불렀습니다. 실제로 옛날의 칠판 표면은 검은색이었습니다. 그 후 표면 도료의 품질이 개선되어 눈에 좋은 초록색 칠판을 많이 사용하고 있습니다.

　분필로 글자를 쓸 수 있는 비밀은 칠판 표면의 구조에 있습니다. 현미경으로 표면을 보면 작고 단단한 요철로 되어 있습니다. 하얀 분말을 굳혀서 만든 분필로 선을 그으면 떨어져 나온 가루가 칠판 표면의 요철 부분에 남습니다. 이 하얀 분말이 칠판의 하얀 글자가 되는 것입니다. 이 원리 덕분에 분필로 쓴 글자는 칠판 지우개로 닦아서 지울 수 있습니다. 이것은 종이에 연필로 글자를 쓰고 고무 지우개로 지울 수 있는 원리와 아주 비슷합니다.

　한편 분필로 칠판에 글씨를 쓸 때 가벼운 마찰력을 느낄 것입니다. 이것은 분필 덩어리를 분말로 만들기 위한 마찰력인데, 이 마찰력의 정체는 무엇일까요? 마찰의 주 원인으로는 접촉하는 표면의 부착으로 생기는 마찰(응착마찰)과 변형으로 생기는 마찰(**연삭마찰**)이 있습니다. 분필과 칠판의 관계는 바로 두 마찰의 원리를 구현한 것입니다. 분필과 칠판의 접촉면에서 분필이 칠판에 부착하거나(**응착마찰**) 칠판 표면의 튀어난 부분에서 깎여(연삭마찰) 글자를 쓸 수 있는 것입니다. 다음은 분필에 대해 살

||| 칠판에 분필로 글자를 쓰는 원리 |||

칠판의 표면은 완전한 평면이 아니라 울퉁불퉁합니다. 바로 이 울퉁불퉁한 부분이 분필 가루를 긁어냅니다.

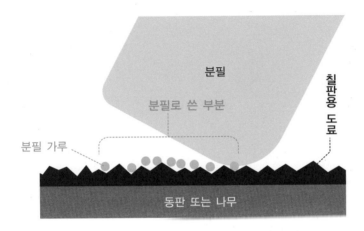

||| 마찰의 원리 |||

칠판 표면을 현미경으로 보면 칠판 표면과 분필의 접촉점에서 응착되는 부분과 깎인 부분을 볼 수 있습니다. 이것이 응착마찰과 연삭마찰의 원인입니다.

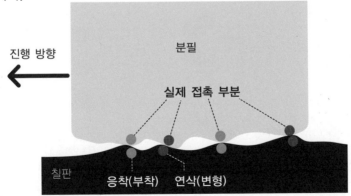

||| 화이트보드 마커에는 박리제가 섞여 있다 |||

화이트보드 마커의 잉크에는 용제(주로 알코올), 안료, 수지 외에 박리제도 같이 섞여 있습니다. 글자를 간단히 지울 수 있는 비밀은 이 박리제에 있습니다.

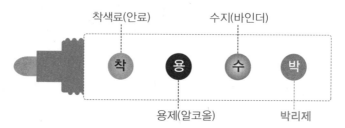

||| 화이트보드 마커가 지워지는 원리 |||

화이트보드에 글자를 쓴 후 천이나 스펀지로 닦으면 글자가 지워집니다. 그 이유는 마커에 들어 있는 박리제 덕분에 피막이 '뜬' 상태가 되기 때문입니다.

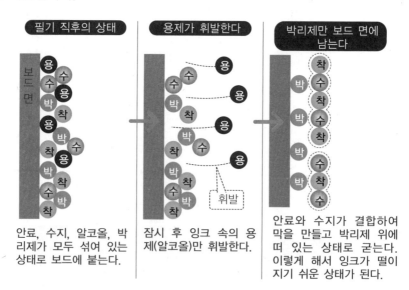

필기 직후의 상태
안료, 수지, 알코올, 박리제가 모두 섞여 있는 상태로 보드에 붙는다.

용제가 휘발한다
잠시 후 잉크 속의 용제(알코올)만 휘발한다.

박리제만 보드 면에 남는다
안료와 수지가 결합하여 막을 만들고 박리제 위에 떠 있는 상태로 굳는다. 이렇게 해서 잉크가 떨어지기 쉬운 상태가 된다.

펴봅시다. 옛날에는 **백묵**이라고 부르기도 했던 분필은 석고로 된 부드러운 것과 탄산칼슘으로 된 단단한 것으로 나눌 수 있습니다. 처음에는 석고 분필을 사용하다가 나중에는 미국에서 탄산칼슘 분필이 건너오면서 탄산칼슘 분필이 주류가 되었습니다. 또한 예전에는 버렸던 조개껍질이나 달걀껍질도 원료로 활용할 수 있기 때문에 탄산칼슘은 친환경 분필이기도 합니다.

화지(花紙)

일본의 전통 종이인 화지는 졸업증서나 종이접기 작품 등에 사용되면서 특별한 종이로 재평가받고 있습니다.

메이지(明治)시대* 이전에는 일본에서 종이라고 하면 화지가 일반적이었습니다. 펄프를 사용한 근대적인 제지법이 들어오면서 생산이 감소했지만 그래도 화지의 인기는 끊이지 않습니다. 화지의 독특한 감촉이 일본인의 마음을 매료시키기 때문입니다. 화지 중 하나인 **치요가미**(千代紙)*는 문양이나 무늬로 장식된 화지로, 일본의 전통적인 종이 접기나 종이 인형의 의상, 공예품의 장식에 사용합니다. 근래에는 졸업증서에 화지를 이용하는 것도 인기가 많습니다.

종이 제조법이 일본에 전래된 것은 지금부터 약 1400년 전인 아스카시대*입니다. 그 후로 제지법을 개선해 가면서 오늘날의 화지에 이르게 된 것입니다.

화지는 대량으로 유통되는 지금의 종이(**양지**)와 무엇이 다를까요? 둘 다 식물에서 섬유질을 추출하여 종이를 뜨는 점은 똑같지만 섬유의 추출 방법에 차이가 있습니다.

화지를 만들 때는 원료를 삶아 섬유를 추출하고 두들겨서 푼 다음 망으로 건져 올려(이것을 **종이를 뜬다**고 함) 건조시킵니다. 이에 반해 현대의 양지는 목재를 기계적으로 갈아 으깬 후 약품을 넣어 삶아서 식물섬유를 추출합니다. 즉, 화지는 물리적으로, 양지는 화학적으로 만드는 것입니다.

||| 화지와 양지의 섬유 |||

현재 대량으로 유통되는 것은 양지(서양식 종이)입니다. 일본에 예로부터 전해오는 화지와는 무엇이 다를까요?

화지	양지
	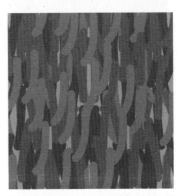
나무의 중피 부분 섬유. 양지에 비해 섬유가 길고 표면이 거칠며 균일하지 않다.	목질 부분의 섬유. 화지에 비해 섬유가 짧고 표면이 매끄러우며 균일하다.

||| 식물섬유의 결합 |||

식물섬유의 주성분은 셀룰로오스인데, 자연적인 힘(수소 결합)으로 약하게 붙어 있습니다. 종이를 접거나 찢을 수 있는 이유는 바로 여기에 있습니다. 또한 종이가 물에 약한 이유는 이 힘이 물에서 풀어져 버리기 때문입니다.

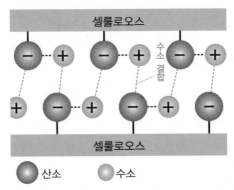

화지의 제조법에서 알 수 있듯이 화지는 섬유가 길고 튼튼하기 때문에 시간이 지나도 덜 손상되어 보존성이 뛰어납니다. 이에 비해 양지는 섬유의 결이 촘촘하여 대량생산에 적합하며 품질이 균일하여 가공이 수월합니다.

그런데 종이는 왜 접거나 찢을 수 있는 걸까요? 왜냐하면 종이는 원료인 식물섬유가 서로 엉켜 본래 갖고 있던 접착력(**수소결합**)으로 붙어 있기 때문입니다. 이 접착력은 사물을 가까이 대면 발생하는 힘으로, 힘 자체가 강하지 않기 때문에 종이를 접거나 찢을 수 있는 것입니다. 만일 강한 힘으로 결합해 있다면 종이를 접었을 때 유리처럼 쉽게 부서져 버릴 것입니다(이런 약한 결합을 보강하기 위해 종이를 만들 때는 풀을 첨가합니다).

종이를 물속에 넣으면 약해져서 풀어지는 성질도 종이섬유의 약한 결합으로 설명이 가능합니다. 결합이 약하면 물에 풀어져 섬유가 분해되기 때문입니다.

---

* 메이지(明治) 시대 : 메이지 유신 이후의 메이지 천황의 통치를 가리키는 이름으로, 1868년 1월 3일 왕정복고의 대호령에 의해 메이지 정부가 수립된 후 1912년 7월 30일 메이지 천황이 죽을 때까지 44년간이다. (출처 : 네이버 지식백과)
* 치요가미(千代紙) : 일본의 전통 놀이인 종이접기를 만들기 위해 사용되고, 종이 인형 의상이나 공예품 및 화장품 상자에 장식 목적으로 붙이는, 모양과 무늬가 풍부한 종이로 만들어진 사각형의 종이. (출처 : 네이버 지식백과)
* 아스카(飛鳥時代) 시대 : 7세기 전반을 중심으로 하는 일본의 역사 시대이며 일본 불교 미술이 눈부시게 발전했던 시대로 특징된다. (출처 : 네이버 지식백과)

Technology 092
잉크젯 용지

문구점에 가서 잉크젯용 종이를 사려고 하면
종류가 굉장히 많은데, 어떻게 다른 것일까요?

연하장은 **잉크젯용**과 **잉크젯 사진용**을 판매하고 있습니다. 또 문구점
이나 가전제품 판매점에서 프린터 용지를 찾으면 **매트지**나 **사진용지**, 슈
퍼파인용지 등을 팔고 있는데 이것들은 이떻게 다른 것일까요?

잉크젯 용지의 종류를 이해하려면 먼저 도공지를 알아야 합니다. 펄프
를 얇게 펴서 만드는 종이의 표면은 울퉁불퉁합니다. 그래서 표면을 매끈
하게 만들기 위해 도료를 발라 화장을 시킵니다. 이것이 **도공지**입니다.
이렇게 하면 표면의 울퉁불퉁한 면이 없어집니다. 또한 도료가 인쇄 잉크
를 흡수하므로 깨끗하게 인쇄됩니다. 참고로 도공지가 아닌 원지를 **비도
공지**라고 하는데 복사용지나 노트의 종이는 비도공지입니다.

도공지 제조에는 초지공정에 코팅공정이 추가되는데, 이를 위한 기계
를 **도공기**(coater)라고 합니다. 그래서 도공지는 코팅하는 재료에 따라
광택을 억제한 **매트 코팅지**(무광택지)와 광택이 있는 **글로시 코팅지**(광택
지)로 나뉩니다. 글로시 코팅지보다 더 광택을 내기 위해 표면 가공을 한
것이 고광택지입니다.

좀 더 자세히 살펴봅시다. 슈퍼파인용지는 질이 좋은 보통지로 비도공
지입니다. 글자를 깨끗하게 인쇄할 수 있지만 사진은 어렵습니다. 매트지
는 매트 코팅지의 약자로, 광택 제거 처리를 한 도공지입니다. 연하장의
잉크젯 사진용이 이에 해당됩니다.

||| 글로시 코팅지와 매트 코팅지

도공지는 광택이 있는 글로시 코팅지와 광택을 억제한 매트 코팅지로
나눌 수 있습니다. 각각의 차이를 살펴봅시다.

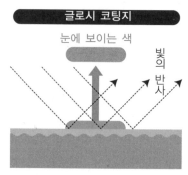

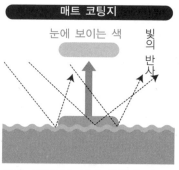

표면이 매끄럽기 때문에 빛이 반사
되어 선명한 색을 재현하여 광택이
난다.

빛의 난반사에 의해 광택이 억제되
도록 표면 처리되어 있다.

||| 다공성 미립자 계열 코팅과 고분자 계열 코팅

잉크젯 전용 광택지에는 다공성 미립자 계열 코팅을 한 것과 고분자 계
열 코팅을 한 것이 있습니다.

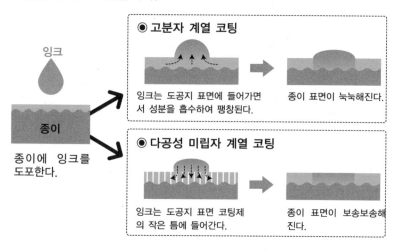

376

　프린터의 인쇄 마감은 용지로 결정됩니다. 디지털카메라로 찍은 사진을 깨끗하게 인쇄하고 싶으면 전용 코팅이 되어 있는 잉크젯 전용 광택지가 필요합니다. 광택지는 고분자 계열 코팅을 처리한 것과 다공성 미립자 계열 코팅을 한 것이 있습니다. 고분자 계열은 젤라틴을, 다공성 미립자 계열은 실리카겔을 상상하면 이해하기 쉬울 것입니다. 지금까지는 고분자 계열 상품이 주류였지만 앞으로는 잉크의 접착성이 좋고 빨리 마르는 다공성 미립자 계열 종이가 주류가 되리라 여겨집니다.

Technology 093
노카본 용지(감압지)

사본이 필요한 영수증이나 납품서에는 노카본 용지를 이용하는 경우가 많습니다. 손에 묻지 않아 편리한 종이입니다.

노카본 용지는 생활의 여러 곳곳에서 사용되고 있습니다. 은행의 송금 용지나 택배 전표 등 사본이 필요한 곳에서 활약하고 있습니다.

노카본 용지가 있으니 당연히 **카본 용지**도 있습니다. 예를 들어 택배 전표의 경우 자사용 사본에는 이것을 이용합니다. 1면의 뒷면에는 카본 (먹)이 칠해져 있어 필압으로 2면의 종이에 글자가 써지는 방식입니다. 이 원리에서도 알 수 있듯이 값은 싸지만 만지면 손이 더러워지는 경우가 있습니다.

카본 용지의 손이 더러워지는 문제를 해결한 제품이 노카본 용지입니다. 1953년 미국에서 발명되었는데 어떤 원리인지 살펴봅시다.

노카본 용지에는 미크론 단위의 크기로 된 **마이크로캡슐**을 사용하고 있습니다. 펜의 필압이 가해지면 1면 뒷면에 도포되어 있는 캡슐이 터져 안에 있는 무색의 **발색제**가 밖으로 나옵니다. 그러면 2면 앞면에 칠해져 있는 **현색제**와 화학반응을 일으켜 색이 나타납니다. 이것이 사본 종이의 글자가 됩니다.

||| 카본 용지의 전사 원리 |||

택배 전표 등에 이용되는 카본 용지는 원리가 단순하기 때문에 값이 싸다는 장점이 있지만 만지면 손에 묻는다는 단점도 있습니다.

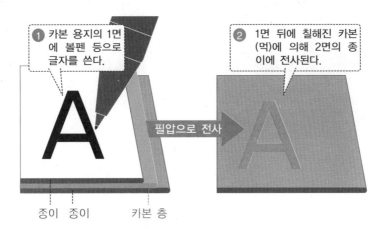

① 카본 용지의 1면에 볼펜 등으로 글자를 쓴다.

② 1면 뒤에 칠해진 카본(먹)에 의해 2면의 종이에 전사된다.

필압으로 전사

종이 종이   키본 층

||| 노카본 용지로 글자를 복사하는 원리 |||

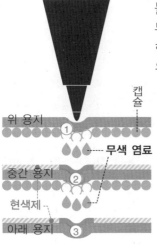

볼펜의 필압에 의해 류코 염료(처음에는 무색)가 들어 있는 마이크로캡슐이 터져, 현색제와 화학반응을 하여 발색합니다. 왼쪽 그림은 3장 복사한 경우.

캡슐

위 용지

무색 염료

중간 용지

현색제

아래 용지

① 볼펜의 필압에 의해 맨 위 용지의 마이크로캡슐이 터진다.

② 현색제와 화학반응하여 중간 용지에 색이 나오고 마이크로캡슐이 터진다.

③ 마찬가지로 현색제와 화학반응을 일으켜 맨 아래 용지에 색이 나온다.

||| 마이크로캡슐은 미크론 단위 |||

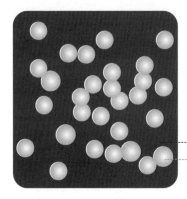

종이의 섬유
마이크로캡슐

왼쪽 그림은 노카본 용지의 확대도입니다. 노카본 용지의 섬유 안에 류코 염료가 들어 있는 마이크로캡슐이 부착되어 있습니다.
크기는 미크론(1,000분의 1 밀리) 단위입니다.

||| 감열지의 원리 |||

영수증 등에 사용하는 감열지의 표면에는 현색제와 류코 염료가 바인더(풀과 같은 것) 안에 칠해져 있습니다.

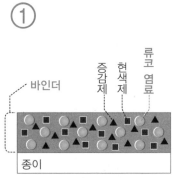

종이 표면의 바인더에 현색제와 류코 염료가 칠해져 있다. 증감제는 이 둘의 화학반응이 쉽게 일어나도록 해 주는 약품이다.

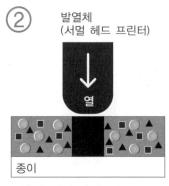

열을 가하면 현색제와 류코 염료가 녹아 하나가 되어 화학반응을 일으켜 검게 된다.

　발색 원리는 '지워지는 볼펜'(345쪽)에서 살펴본 류코 염료와 현색제의 결합과 비슷합니다. 실제로 마이크로캡슐에 들어 있는 발색제는 류코 염료의 일종입니다. 하지만 '지워지는 볼펜'의 잉크와는 달리 노카본 용지의 경우는 보통의 온도에서는 변색하지 않는 성질을 이용합니다. 왜냐하면 지우개로 지워서 사라져버리면 곤란하기 때문입니다.

　노카본 용지와 똑같은 전사 원리는 감열지에도 활용됩니다. **열전사 용지**는 FAX나 영수증 용지로 많이 이용되는데 프린터 헤드의 열 패턴이 그대로 전사되는 용지입니다. 종이 표면에 발색제와 현색제를 혼합시켜 두고 열로 이 둘을 화학반응시키는 원리입니다.

　카본을 사용하지 않는다는 의미에서 여기서 설명한 노카본 용지와는 다른 방식의 노카본 용지도 있습니다. 파이롯트(PILOT)가 실용화한 **플라스틱 카본 용지**로, 플라스틱 층에 잉크를 포함시킨 구조를 사용하여 손이 더러워지지 않도록 했습니다.

저자소개

와쿠이 요시유키(Wakui Yoshiyuki)

1950년 도쿄도 출신.
도쿄교육대학(현 쓰쿠바대학) 수학과를 졸업 후, 지바 현립고등학교 교사를 지냈다.
교편에서 물러난 현재는 집필 활동에 전념하고 있다.
사다미의 형.

와쿠이 사다미(Wakui Sadami)

1952년 도쿄도 출신.
도쿄대학 이학계 연구과 석사 과정 졸업 후, 후지쓰에 취직.
이후 가나가와 현립고등학교 교원을 거쳐 사이언스 라이터로 독립.
현재는 저서 집필과 잡지 기고를 중심으로 활동 중이다.
요시유키의 남동생.

저서로는 〈엑셀로 배우는 딥러닝 간단 입문〉, 〈딥러닝을 알 수 있는 수학 입문〉(이상 기술평론사), 〈'물리·화학'의 법칙·원리·공식을 모두 알 수 있는 사전〉(벨 출판), 〈도해 베이즈 통계 '간단' 입문〉(SB 크리에이티브) 등 다수.

넓고 얕은 대단한 과학기술지식

우리 주변의 대단한 기술 대백과

2019. 3. 19. 1판 1쇄 인쇄
2019. 3. 26. 1판 1쇄 발행

지은이 | 와쿠이 요시유키, 와쿠이 사다미
옮긴이 | 이영란
펴낸이 | 이종춘
펴낸곳 | BM (주)도서출판 성안당
주소 | 04032 서울시 마포구 양화로 127 첨단빌딩 5층(출판기획 R&D 센터)
　　　 10881 경기도 파주시 문발로 112 출판문화정보산업단지(제작 및 물류)
전화 | 02) 3142-0036
　　　 031) 950-6300
팩스 | 031) 955-0510
등록 | 1973. 2. 1. 제406-2005-000046호
출판사 홈페이지 | www.cyber.co.kr
ISBN | 978-89-315-8773-9 (03400)
정가 | 16,000원

이 책을 만든 사람들
책임 | 최옥현
진행 | 김혜숙
교정 · 교열 | 안종군
본문 디자인 | 김인환
표지 디자인 | 박원석
홍보 | 정가현
국제부 | 이선민, 조혜란, 김혜숙
마케팅 | 구본철, 차정욱, 나진호, 이동후, 강호묵
제작 | 김유석

www.cyber.co.kr
★★★
성안당 Web 사이트

■ **도서 A/S 안내**

성안당에서 발행하는 모든 도서는 저자와 출판사, 그리고 독자가 함께 만들어 나갑니다.
좋은 책을 펴내기 위해 많은 노력을 기울이고 있습니다. 혹시라도 내용상의 오류나 오탈자 등이 발견되면 "좋은 책은 나라의 보배"로서 우리 모두가 함께 만들어 간다는 마음으로 연락주시기 바랍니다. 수정 보완하여 더 나은 책이 되도록 최선을 다하겠습니다.
성안당은 늘 독자 여러분들의 소중한 의견을 기다리고 있습니다. 좋은 의견을 보내주시는 분께는 성안당 쇼핑몰의 포인트(3,000포인트)를 적립해 드립니다.
잘못 만들어진 책이나 부록 등이 파손된 경우에는 교환해 드립니다.